浙江花茶窨制与品鉴

黄伟红 主编

中国农业科学技术出版社

图书在版编目（CIP）数据

浙江花茶窨制与品鉴 / 黄伟红主编. -- 北京：中国农业科学技术出版社, 2025. 4. -- ISBN 978-7-5116-7386-2

Ⅰ. TS272.5；TS971.21

中国国家版本馆 CIP 数据核字第 2025DR7984 号

责任编辑	闫庆健
责任校对	王 彦
责任印制	姜义伟　王思文
出 版 者	中国农业科学技术出版社
	北京市中关村南大街 12 号　　邮编：100081
电　　话	（010）82106632（编辑室）（010）82106624（发行部）
	（010）82109709（读者服务部）
网　　址	https://castp.caas.cn
经 销 者	各地新华书店
印 刷 者	北京建宏印刷有限公司
开　　本	170 mm×240 mm　1/16
印　　张	10.25
字　　数	180 千字
版　　次	2025 年 4 月第 1 版　2025 年 4 月第 1 次印刷
定　　价	98.00 元

◀━━ 版权所有·翻印必究 ━━▶

《浙江花茶窨制与品鉴》编委会

主　　编　黄伟红
副 主 编　吴媛媛　张海华　柳丽萍
编写人员　（按姓氏笔画排序）
　　　　　　汤　丹　李腊梅　杨宇宙　吴媛媛
　　　　　　邱晓莹　张海华　罗文文　柳丽萍
　　　　　　宣　萱　郭华伟　唐德松　黄伟红
　　　　　　蒋炳芳
审　　校　陆德彪

序

作为一名学茶爱茶、长期从事茶学研究又是花茶的热爱者，我有幸率先阅读《浙江花茶窨制与品鉴》这部作品。该书的出版，必将为花茶爱好者、从业者以及研究人员打开一扇全方位、近距离了解浙江花茶的窗口，对于茶知识传播、茶文化推广及花茶生产实践具有重要的指导意义和实用价值。

浙江花茶生产历史悠久，原金华县（现婺城区）曾是中国三大茉莉花茶产地之一，产量曾位居全国之首。随着产业重心的转移和茉莉花种植区域南移，浙江花茶产业进入低谷。近年来，消费多元化升级和新茶食市场的兴起，如同一股强劲的东风，带来了浙江花茶的产业复苏。浙江茶企敏锐捕捉到新市场、新机遇，因地制宜、大胆创新，研发出一系列花茶产品，使浙江花茶产业在新阶段又焕发出新的生机与活力。

由浙江省茶产业技术推广服务团队特色茶类组副组长、浙江省农业技术推广中心高级农艺师黄伟红主编的《浙江花茶窨制与品鉴》，凝聚了众多茶学科研、教育、推广和产业界专业技术人员的心血，内容丰富，涵盖花茶的发展历程、加工原料、窨制技术、品质评价与品鉴以及深加工等众多板块，是一部系统全面、理论实践结合紧密的花茶专著。书中的31个本土案例，生动展现了浙江茶人的匠心精神和创新活力，如"西湖"牌桂花龙井、"龙王山"牌茉莉白茶、"更香"牌茉莉花茶、"浓茶香"牌栀子绿茶等，均是传统工艺与现代创新完美结合的典范。而外源增香技术，为花茶加工提供了全新的思路和路径。书中对花茶的品质评价与品鉴进行了详细而专业的描述，从感官审评方法到创新评价方法，从冲泡技巧到品鉴要点，可为花茶爱好者提供全方位悉心指导，可以让每一位读者身临其境、深刻感受来自花茶的魅力。

值得一提的是，花茶深加工技术发展的探讨，为花茶产业的多元化发展提供了新的思路。从食品、日化到文创产品，花茶的应用场景不断拓展，这不仅为从业者带来新的机遇，也为消费者带来多元化的选择。我相信，该书的出版将为浙江花茶产业的振兴和高质量发展注入新的活力和动力。

感谢编撰团队的辛勤付出。《浙江花茶窨制与品鉴》一书，让我们看到了浙江花茶的过去、现在和未来，也让我们对花茶产业的高质量发展充满新的期待。愿浙江花茶继续在中国茶科技与茶文化中绽放异彩，在更广阔世界抚慰更多爱茶者的身心！

中华全国供销合作总社杭州茶叶研究所　所长、党委书记　杨秀芳

2025年2月28日

第1章 花茶产业概况

1.1 我国花茶发展历程及趋势 ... 2
1.1.1 我国花茶发展历史 ... 2
1.1.2 我国花茶发展趋势 ... 6
1.2 浙江花茶产业 ... 7
1.2.1 浙江花茶发展历程 ... 7
1.2.2 浙江花茶产业现状 ... 9
1.2.3 浙江花茶产业展望 ... 10

第2章 花茶加工原料

2.1 茶坯 ... 14
2.2 茶用香花 ... 15
2.2.1 茉莉花 ... 16
2.2.2 玳玳花 ... 18
2.2.3 白兰花 ... 18
2.2.4 珠兰花 ... 20
2.2.5 桂花 ... 21
2.2.6 柚子花 ... 22
2.2.7 栀子花 ... 22
2.2.8 玫瑰花 ... 23

第3章 花茶窨制技术

3.1 香花吐香机理 ... 25
3.1.1 香花吐香的习性 ... 25
3.1.2 影响鲜花吐香的因素 ... 26

3.2 茶坯的吸香原理 …… 27
3.2.1 茶坯吸香的内在特性 …… 27
3.2.2 影响茶坯吸香的外部条件 …… 28

3.3 窨制设备 …… 29
3.3.1 鲜花处理设备 …… 30
3.3.2 窨花设备 …… 30
3.3.3 起花设备 …… 32
3.3.4 干燥设备 …… 33

3.4 花茶窨制技术 …… 33
3.4.1 窨制方式 …… 33
3.4.2 窨次与配花量 …… 34
3.4.3 打底、压花与提花 …… 35
3.4.4 花茶窨制技术要求 …… 36
3.4.5 金华花茶传统窨制技术 …… 39
3.4.6 几种主要花茶窨制技术 …… 42

3.5 创新花茶窨制技术 …… 47
3.5.1 低温封闭式冷藏窨花技术 …… 48
3.5.2 两种干燥方式结合的窨花技术 …… 50
3.5.3 双花窨花技术 …… 52

3.6 浙江花茶加工实例 …… 54
3.6.1 西湖牌桂花龙井 …… 55
3.6.2 御井香桂花龙井 …… 56
3.6.3 三和萃桂花龙井茶 …… 57
3.6.4 青片儿牌桂花红茶 …… 58
3.6.5 顶峰茶号桂花茶 …… 58
3.6.6 萧富牌桂花红茶 …… 59
3.6.7 三清飘香牌桂花红韵 …… 60
3.6.8 桂花龙井 …… 61
3.6.9 龙王山茉莉花茶 …… 62
3.6.10 钱坑桥牌花茶 …… 63
3.6.11 蜡梅白茶 …… 64
3.6.12 石壁精舍·桂霏之桂花红茶 …… 65

3.6.13　寒香半亩牌桂花红茶 66
　　3.6.14　浓茶香牌茉莉毛峰 67
　　3.6.15　浓茶香牌栀子绿茶 67
　　3.6.16　更香茉莉花茶 68
　　3.6.17　汤记花茶 69
　　3.6.18　浙星桂花红茶 70
　　3.6.19　熟水桂花红茶 71
　　3.6.20　东坪牌金华茉莉花茶 72
　　3.6.21　茉莉龙井花茶 72
　　3.6.22　龙盘玉叶牌花茶 73
　　3.6.23　木禾花茶 74
　　3.6.24　桂花茶 74
　　3.6.25　桂花冷山美人 75
　　3.6.26　常山银毫凰岗茶（胡柚花香红茶） 76
　　3.6.27　元峰牌茉莉小毛峰 76
　　3.6.28　栀子花红茶 77
　　3.6.29　芹江牌花茶 78
　　3.6.30　桂花红茶 79
　　3.6.31　善树牌桂花红茶 79

第4章　茶叶外源增香技术

4.1　茶叶外源增香技术分类 82
4.2　食用香料(精)加香技术 83
　　4.2.1　非接触式纳米赋香技术 85
　　4.2.2　喷施香精赋香技术 89
　　4.2.3　干料拼配赋香技术 90
4.3　外源酶增香技术 90

第5章　花茶品质评价与品鉴

5.1　花茶品质评价 94
　　5.1.1　花茶品质特征 95
　　5.1.2　花茶的感官审评方法 101

5.1.3　花茶感官品质的创新评价方法 …………………………… 108
5.2　花茶冲泡与品鉴 ……………………………………………………… 111
　　5.2.1　花茶冲泡与品鉴要求 …………………………………………… 111
　　5.2.2　花茶冲泡方式 …………………………………………………… 112
　　5.2.3　花茶冲泡与品鉴方法 …………………………………………… 114
　　5.2.4　花茶品饮佐食 …………………………………………………… 116

第6章　花茶衍生产品

6.1　花茶在食品领域中的应用 …………………………………………… 120
　　6.1.1　米面食品 ………………………………………………………… 120
　　6.1.2　糖果 ……………………………………………………………… 121
　　6.1.3　饮料 ……………………………………………………………… 123
6.2　花茶在日化领域中的应用 …………………………………………… 127
　　6.2.1　清洁用品 ………………………………………………………… 127
　　6.2.2　化妆品领域（护肤用品） ……………………………………… 130
　　6.2.3　洗涤用品 ………………………………………………………… 132
6.3　花茶在工业领域中的应用 …………………………………………… 134
　　6.3.1　空气净化 ………………………………………………………… 134
6.4　花茶在文创产品中的应用 …………………………………………… 136
　　6.4.1　茶文化的理念与文创产品含义 ………………………………… 136
　　6.4.2　发展历史与进程 ………………………………………………… 136
　　6.4.3　发展现状 ………………………………………………………… 137
　　6.4.4　文创产品与传统茶产品的对比 ………………………………… 138

参考文献 …………………………………………………………………… 139

附　录

《桂花茶加工技术规程》T/ZJTSS 006—2023 ………………………… 141

《栀子花茶》T/ZJTSS 004—2023 ……………………………………… 146

后　记 ……………………………………………………………………… 153

第 1 章 花茶产业概况

花茶，依据 GB/T 30766—2014《茶叶分类》规定，是以茶叶为原料，经整形、加天然香花窨制、干燥等加工工艺制成的产品，又称熏花茶、香花茶、香片等。

在我国，花茶属于再加工茶类，是我国六大茶类以外、较为独特的茶类，以制成的茶叶作为茶坯，配以能够吐香的鲜花，通过窨制工艺，让茶叶充分吸收花香，实现茶香与花香的融合，形成独特的风味和品质特征。其产品命名方式多样，有根据所用香花品种来命名的，如茉莉花茶、玉兰花茶、桂花茶、珠兰花茶、栀子花茶、玫瑰花茶、柚子花茶、枇杷花茶等。有根据花名与茶名一起命名的，如茉莉龙井、珠兰大方、桂花乌龙等。近年来市场上还出现了经过创新产品设计，更注重产品外观，更关注消费者的感知和体验的爆款产品，如茉莉金尊、茉莉龙毫、莲花香雪等，进一步丰富了花茶的品类。部分市面上的花茶产品见图 1-1。

图1-1　花茶系列产品

1.1 我国花茶发展历程及趋势

1.1.1 我国花茶发展历史

1.1.1.1 花茶的起源

花茶起源于我国的南宋。北宋（960—1127年）初期，已有在绿茶中加入龙脑香，作为贡品。北宋福建仙游县蔡襄所著《茶录》（著于1049—1053年）中记载："茶有真香。而入贡者微以龙脑和膏，欲助其香。建安民间试茶，皆不入香，恐夺其真。若烹点之际，又杂珍果香草，其夺益甚，正当不用。"这是早期在茶叶中增加香料的方法，与花茶窨制方法有本质区别，但它的应用，对花茶的发展有重要的启示意义。南宋赵希鹄的《调燮类编》（约1240年）卷三清饮中记述"莲花茶的制作方法："以花拌茶，终不脱俗，必欲为之，如莲花茶，于日未出时，将半含莲拨开，放细茶一撮，纳满蕊，以麻皮略扎，令其经宿，次早倾出，用建纸包茶焙干。再如前法，又将茶叶入别蕊中，如此者数次，取出焙干用，不胜香美。"又有"木樨、茉莉、玫瑰、蔷薇、兰蕙、橘花、栀子、木香、梅花皆可作茶。诸花开时，摘其半含半放，香气全者，量茶叶多少，摘花为伴。花多则太香，花少则欠香，而不尽美，三停茶叶一停花始称。如木樨花，须去其枝蒂及尘垢虫蚁，用瓷罐，一层花一层茶，投间至满，纸箬扎固入锅，隔罐汤煮，取出待冷，用纸封裹，置火上焙干收用。诸花仿此。"书中对花茶所用香花品种和花香熏制花茶方法作了详细记载，这种"茶引花香，增益其味"，使茶香、花香融为一体的做法，可视作现代茉莉花茶窨制的起源。南宋陈景沂的《全芳备祖》中写有："（茉莉）熏茶及烹茶尤香。"表明这一时期，人们已将茉莉花用于熏茶和烹茶，且发现其能提升茶的香气。

1.1.1.2 花茶的发展

明代是花茶发展的重要时期，为花茶的兴盛奠定了基础。朱元璋一纸诏令，流行了千年的团茶、饼茶被散茶取代，开启了我国茶类变革的伟大时代。在此背景下，各种茶类相继出现，散绿茶的大规模生产为花茶的生产奠定了良好基础。

明代花茶窨制工艺基本沿用了南宋《调燮类编》的制法，这在明代钱椿年撰、顾元庆校的《茶谱》以及屠隆的《茶说》中均有体现。朱权在《茶谱》中还记载了独特的熏香茶法："百花有香者皆可。当花盛开时，以纸糊竹笼两隔。上层置茶，下层置花，宜密封固，经宿开换旧花。如此数日，其茶自然香气可爱。"这种在密封条件下花与茶相隔离的隔离熏香窨花方式，为现代隔离窨花提供了宝贵的历史借鉴与技术思路。李时珍在《本草纲目》一书中记有"茉莉可熏茶"，体现了茉莉熏茶在养生保健方面的作用。

从明代诗人钱希言的诗句："斗茶时节买花忙，只选头多与干长。花价渐增茶渐减，南风十日满帘香。楼台簇簇虎丘山，斟酌桥边柳一湾。三月绿波吹晓市，荡河船子载花还。"我们能直观感受到当时花茶加工规模的不断扩大。在苏州虎丘山上，山塘河里，人们买花窨茶的繁忙景象跃然纸上。可见，明代花茶的制茶技术比前朝显著提高，并开始在民间普及。

1.1.1.3　花茶的兴盛

在清代以前，花茶制作大多由文人雅士自己制作，或委托知名茶铺代为制作，规模普遍较小。到了清代，花茶制作方法取得进一步发展，逐渐普及到民间，并开始了商品性生产。清雍正元年（1723年），苏州茉莉花茶批量运销东北、华北、西北市场。清代道光年间（1821—1850年），苏州文士顾禄在其所著《清嘉录》中记载了繁荣的珠兰茉莉花市，描写了珠兰茉莉花的来源、用途及相关交易方式等，"珠兰茉莉花来自他省，薰风欲拂，已毕集于山塘花肆。茶叶铺买以为配茶之用者，珠兰辄取其子，号为撒梗；茉莉花则去蒂衡值，号为打爪花。"在清咸丰年间（1851—1861年），福建地区率先开启了花茶的商业化大生产，并将其运销至华北地区，尤其是天津和北京。到了19世纪90年代左右，花茶的商业化生产已较为普遍，尤以茉莉花茶为主。

1949年后，全国花茶快速发展，产区不断扩大，产量逐年上升，国家制定了《1963—1972花茶科学技术十年规划》，科研院校开展花茶科技攻关，进行了多种工艺研究，加工技术从手工操作向机械化方向发展，花茶产销两旺，福建福州、浙江金华、江苏苏州成了国内三大花茶生产基地,茉莉花茶远销22个国家和地区。从20世纪80年代后期起,广西横县(今横州市)及云南等地凭借气候优势,大量种植茉莉花,茉莉花茶加工业逐步向广西转移,加之政策推动,广西横州市逐渐发展成为我国花茶主要生产中心。

(1)福建福州产区概况。福州是世界茉莉花茶的发源地,曾经是最为辉煌的茉莉花茶产区。《福州府志》记载:明万历年间(1573—1620年)福州产茉莉花茶。清咸丰年间(1851—1861年),以福州为窨花中心,产品远销东北、华北地区。到清光绪(1875—1908年)中期浙江、安徽等地的茶商把茶叶调到福州进行窨花,福州成为中国最早的茉莉花茶生产中心。随着中国社会的变迁,福州花茶生产经历了兴盛、衰落、复兴三个时期,1936年福州地区茉莉花产量3 000余吨,年产茉莉花茶达7 500吨以上,为历史最高峰,1949年前夕进入低谷,鲜花产量仅200吨,之后进行了恢复性发展,20世纪八九十年代,茉莉花种植面积增加到10万亩(1亩≈667 m^2,15亩=1 hm^2,全书同)以上,茉莉花茶加工厂近千家,年加工量近8万吨,占全国产量的60%以上。但伴随着广西茉莉花的快速发展,1995年后福州茉莉花种植面积和总产量逐年下降。

(2)江苏苏州产区概况。苏州是全国香花四大产区之一,据史料记载,苏州在宋代已栽种茉莉花,明万历年间,诗人钱希言描绘了虎丘山塘一带花市热闹场面。清宣统年间的《吴长元三县志》对苏州地区种植珠兰、茉莉、白兰等作了记载。至1860年时,苏州茉莉花茶已盛销于东北、华北地区,抗日战争期间(1937—1945年),由于福州海运受阻,花茶难以销往华北,茶商转到苏州窨茶,苏州花茶生产得以迅猛发展,成为了我国又一个花茶生产中心,并形成了"苏州窨花工艺",其制作技艺是中国高香花茶传统手工制作的杰出代表,在中国花茶生产史上,拥有极高的声誉。到1985年,苏州逐渐退出花茶生产。

(3)浙江金华产区概况。浙江早在明代就有手工窨制花茶的技术,在民国时期,花茶成为有一定批量生产的商品茶,主要产地在杭州和金华。抗日战争之前,天津、山东、安徽的茶商来金华罗店设庄收花,窨制花茶,本地有茶叶店在城内收购茉莉花窨制花茶。1958年,金华茶厂成立,为浙江省第一家专营花茶加工的国营茶厂。1978年,金华县的茉莉花产量达568.9吨，跃居全国第二位，仅次于福建，被国家列为香花生产基地之一。香花种植从3个乡逐渐扩大14个区乡，茶厂遍地开花，被国家列为花茶生产基地和出口产品基地，1985年茉莉花产量2 350吨，茉莉花茶产量达5 000吨，居全国之首。1989年后，各地窨花茶厂陆续停产。

（4）广西横州市产区概况。在1980年以前，横县茉莉花只有零星种植，1989年，国家有关部门在横县召开了全国花茶加工产销座谈会，会议指出，其后全国茉莉花茶生产重心将逐步从福建、江苏、浙江一带转移到横县。1981—1990年的10年间，横县茉莉花种植面积由13.33 hm²发展到600多hm²，花茶加工厂由1家增加到20家。至1991年，全区共种植茉莉花1 453.3 hm²，产花8 000吨，加工花茶15 955吨，到1993年春，茉莉花种植面积已跃居全国之首。目前，茉莉花种植主要集中在横州市，其种植面积和花茶加工量均居全国第一，约占全国的80%以上。

20世纪80年代，全国产花茶的省区除了福建、江苏、浙江、安徽、四川、广东、台湾、江西、云南、湖南、广西，湖北、河南、山东等省份亦有少量生产，中国花茶生产达到顶峰。90年代后，大部分省区茉莉花种植面积逐渐减少，不再生产花茶，逐渐形成了目前的广西横县、四川犍为、福建福州及云南元江等茉莉花茶四大产区。四川地区的茉莉花茶早在明代已有历史记载，在19世纪80年代得到迅速发展，目前主要集中在四川犍为，有300多年茉莉花种植历史，曾荣获"中国茉莉之乡""中国茉莉茶之都"称号。云南元江茉莉花茶生产依托得天独厚的气候优势，这里的茉莉开花早、花期长、香味浓，得到市场认可，形成了一定的种植规模。

此外，安徽歙县以珠兰花茶生产闻名。歙县珠兰花茶历史悠久，至今已有300多年历史，早在清末至民国初期，歙县琳村、问政山、山斗、鲍家庄等地被称为"花田"，呈现出"户户种珠兰，十里闻花香"的景象。据民国二十六年（1937年）版《歙县志》记载："邑产珠兰窨茶，花不变色，较闽产为佳。"说明当时歙县生产的珠兰花茶品质较好。20世纪30年代中期，全县共有110家茶号生产珠兰花茶。目前，珠兰花茶生产主要集中在安徽歙县，福建漳州、广州、浙江、江苏、四川等地有部分生产。

1.1.1.4 花茶的平稳发展

进入21世纪以来，中国花茶发展进入平稳阶段。

（1）产量产值双增长。近20年来，中国花茶的产量呈现稳步增长的趋势，目前茉莉花茶产量基本稳定在11万吨左右，和2000年相比增加1倍左右，茉莉花茶产值超200亿元。花茶传统市场依然以北方市场为主，但市场占比有所下降，线上销售增长快，消费群体扩大。

（2）出口稳定。花茶以其独特的口感和香气，受到国际市场的青睐，花茶大部分出口到日本、俄罗斯、美国、欧洲、新加坡等消费能力相对较强的国家和地区，相比绿茶有更好的价格和利润空间。2010—2012年我国花茶出口达到峰值，基本稳定在7 300吨左右，之后逐步下滑，目前稳定在5 800~6 900吨。2023年出口量为6 455.75吨，出口额5 444.85万美元，和上年相比分别减少0.79%和3.3%。

（3）花茶结构优化，产品多样。随着消费升级，中高档花茶占比增加，品类丰富。饮料用茶需求大。茉莉花茶仍然占据着中国花茶市场的主导地位，其他花茶占比也有所增加，如栀子花茶、桂花茶等。

虽然受到其他茶类冲击和茶叶市场消费多元化发展影响，花茶市场份额逐年下降，花茶在全国茶叶内销市场上的占有量从20世纪90年代末的1/3左右，下降到2023年的4.5%，但花茶产销基本平稳。特别是近年来，在茶饮市场的影响下，花茶热度增加，生产企业猛增，有望在未来保持良好的发展势头。

1.1.2 我国花茶发展趋势

随着时代的变迁，中国花茶不仅在品质上精益求精，更在市场定位、技术创新、融合发展等方面展现出了新的发展态势。

1.1.2.1 品类创新与市场扩展

一方面，在消费者需求日益多元化的情况下，中国花茶市场不再局限于传统的以绿茶、红茶为茶坯窨制的茉莉花茶、玫瑰花茶，而是发展出绿茶、白茶、乌龙茶、六堡茶等多种茶坯与多种香花搭配的多样化花茶类型，以及各种创新的混合茶，如菊花枸杞茶、玫瑰柠檬茶等，满足不同消费者的口味偏好。另一方面，随着民众健康意识的增强，社会健康导向突显，花茶市场越来越注重花茶的药膳功能和保健价值，如玫瑰养颜、菊花明目、桂花醒脾等，这推动了花茶在保健品和日常饮料市场的崛起。

1.1.2.2 科技驱动与生产优化

现代科技如物联网、大数据、人工智能等智能化生产技术将在花茶生产中得以应用，包括茶坯原料的种植、采摘、加工，鲜花种植管理，窨制过程管理等全过程，使花茶生产更加精准、安全和高效。通过建立完善的追溯体系，实现信息化管理，建设高标准茶园及鲜花基地，应用绿色生产技术，发展低碳、清洁、高效、节能的生产模式，生产生态健康安全的花茶产品，促进花茶产业可持续发展。

1.1.2.3 品质提升与品牌建设

随着消费者健康安全意识的增强，花茶市场的竞争愈演愈烈，食品安全管控力度的加大，高品质、健康化的花茶产品将是未来趋势。茶企必须进一步加强生态茶园和生态花坏基地建设，从源头抓好花茶加工原料品质，改善花茶加工环境，提升加工设备，优化加工工艺，保证产品质量。品牌建设将是花茶产品在激烈的市场中获胜的关键。据了解，品牌茶叶的平均消费增速领先于非品牌茶叶，品牌企业有更多的利润空间，产品标准化、品牌化会越来越受到生产企业的重视。品质是品牌建设的基础，通过品质提升、品牌打造，提升中国特色花茶品牌的知名度和影响力。

1.1.2.4 全链条发展与体验营销

加快花茶创新产品、精深加工产品及衍生品的开发，重点开发花茶饮品、速溶茶粉、日化用品、食品等领域多元化产品，以此延长产业链，提高经济价值。推动花茶生产与特色活动融合发展，以花茶生产为载体，与艺术、音乐、体育、美食等节日活动、旅游、文化展示，以及鲜花采摘、生产加工体验等相融合，满足年轻消费群体多样化、个性化需求，感受中国花茶文化的魅力，增强消费者对花茶的情感认同。

1.2 浙江花茶产业

1.2.1 浙江花茶发展历程

浙江花茶生产历史悠久，早在宋代就有记载。南宋词人施岳有《步月·茉莉花》词："枝头香未绝，还是过中秋，丹桂时节。醉乡冷境，怕翻成消歇。玩芳味，春焙旋熏，贮浓韵，水沈频爇，堪怜处，输与夜凉睡蝶。"词中吟咏的是用茉莉焙茶。施岳生于吴，卒于杭，从其生活的地区来说，花茶最初可能发源于苏杭一带。鄞县人屠隆所作《考盘余事》，内列"诸花茶"一节："茗花入茶，本色香味尤佳。茉莉花茶以热水半杯放冷，铺竹纸一层，上穿数孔，晚待，采初开茉莉花缀放孔内，上用纸封，不令泄气。明晨取花簪之水，香可点茶"，详细记载了根据茉莉花茶的窨制原理制花水的方法。

明张岱《陶庵梦忆·兰雪茶》记载："日铸者……煮禊泉，投以小罐，则香太浓郁，杂入茉莉，再三较量，用敞口瓷瓯淡放之。"清康熙《会稽县志·物产》中说："茶，近多采之，名曰兰雪，味取其香，色取其白，价最贵。"这是明清会稽（今绍兴市）名茶——兰雪茶，是为境内茉莉花茶制作之始。

民国时期，花茶成为有一定批量的商品茶，主要集中在杭州和金华两地。据民国二十四年（1935年）杭州翁隆盛茶号印发的《特刊》记载，当时该茶号经销的窨制花茶品种丰富，有灵芝珠兰大方、双窨茉莉大方、铁叶茉莉大方、老竹茉莉大方、三窨上珠兰、茉莉顶谷、珠兰香片、茉莉毛峰、茉莉岩茶、家园桂峰等10多个品种。20世纪初，青岛、安徽茶商在金华市罗店村设茶庄窨制茉莉花茶，年产50多吨，占当时全省花茶产量的一半。金华地区有种植茶用香花的传统，并有香气清芬的"金华茉莉"品种。据调查，抗日战争以前，金华年产茉莉香花曾达1.5万斤（1斤=0.5kg，全书同），年产珠兰香花1 000余千克。民国二十八年（1939年），金华城区的仁泰、民生、升春裕、鸿祥泰、立大元5家茶商开始生产茉莉花茶，产品供本地茶馆之用。但至抗战期间产量骤减，民国三十二年（1943年）仅产茉莉花1 000余千克、产珠兰香花60余千克。民国时期，浙江茉莉花茶主销天津、北京、济南等地，北方人爱喝浙江的龙井、旗枪、毛尖、香片（花茶）和红茶，约占当地茶叶消费总量的一半。

1949年以后，浙江茶叶迅速发展，随着计划经济体制的建立，浙江承担了调拨华北、东北、西北等非产茶区的花茶生产计划任务，花茶生产得到了大发展。1954年中国茶业公司浙江省公司在杭州设立专制烘青等窨花用茶坯的内销茶加工场，并生产茉莉、白兰、栀子等花茶。同年，在金华收茶办事处下设立了窨花工作组，并于1958年发展成为浙江省第一家专营花茶加工的国营金华茶厂。20世纪60、70年代，茶用香花种植面积和窨花茶厂数量不断增加，以满足花茶生产的需要。全省共有杭州、温州、丽水、桐庐、诸暨、武义、宁海、绍兴、遂昌、台州等11家国营精制茶厂设立窨花车间。1980年后，浙江花茶进入了快速发展阶段，1985年达到顶峰，其中茉莉花产量5 000吨，茉莉花茶产量1.25万吨。之后，茶叶经营放开，全国茶叶的生产加工起了很大变化，浙江花茶产量逐渐回落。

自1963年起，浙江花茶被纳入了出口计划，按计划向上海口岸公司调拨供应花茶出口，自1972年起改调福建口岸公司，1983年后花茶由浙江自营出口。

1.2.2 浙江花茶产业现状

近年来，随着互联网的普及和调饮茶的兴起，花茶消费群体逐渐从传统的中老年人群向青壮年群体扩展，消费市场也从北方市场向南方市场延伸，为适应这一市场需求，花茶生产企业数量快速增加，产量和产值也随之显著提升。据浙江省不完全统计，2023年，全省花茶产量4 566吨，产值12 677万元，分别比上年增加1 060吨和3 643万元，增长30.23%和40.33%，与2017年的1 320吨和2 440万元相比，分别增加2.46倍和4.2倍。目前，花茶主要以传统泡饮散茶和饮料用茶为主，散茶销售市场仍以北方为主，但电商渠道的兴起为花茶销售带来了新的机遇，淘宝、天猫、京东等平台及抖音直播等新兴销售模式，成为花茶销售的重要渠道。此外，浙江省花茶出口量基本稳定，据中国农业国际合作促进会茶产业分会公开资料显示，2023年出口花茶1 171.6吨，其中茉莉花茶出口1 138.7吨，占97.2%，居全国第二位，占全国茉莉花茶出口量的18.43%，主要出口贸易国为日本、美国、法国，占花茶总出口量的81.14%，其中日本占73.75%，美国占5.29%，法国占2.10%。

当前浙江花茶生产呈现出以下四大特点：一是产品花色品种丰富。花茶窨制原料的多样化，使得花茶产品种类繁多。浙江的花茶企业广泛使用绿茶、红茶、乌龙茶、白茶等作为茶坯，搭配茉莉、玉兰、栀子、桂花、蜡梅、柚子、玳玳、菊花、橘子、枇杷、梅花、玫瑰、珠兰等多种鲜花进行窨制。其中，以茉莉花窨制的花茶产量最高，茶坯基本以绿茶为主，茉莉花种植主要集中在金华兰溪，加工多在兰溪代加工或购花自窨。此外，桂花窨制的花茶生产企业较多；除茉莉花外，企业基本利用当地鲜花资源来制茶。二是窨制工艺多样化。在传统窨制工艺基础上，积极创新窨制方法，主要根据茶坯等级特征和消费者需求，通过控制温度和窨制次数，创新开发出浓香型、暗香型、沉香型和清香型等多种花茶，有带花与不带花之分，目前，工艺应用较普遍的有低温窨制、烘干与吸湿干燥结合窨制。三是生产规模小，产品标准化程度低。原料的多样与工艺的不断探索创新，使得花茶产品品类多样，用浙江绿茶窨制的花茶鲜爽度较好，但普遍存在生产规模小、设备更新慢、整体标准化水平较低、产品质量不稳定、市场拓展不足等问题。除茉莉花茶外，其他花茶大多处于工艺探索试验阶段，其中又以桂花窨制工艺最为成熟，生产面最广，数量最多，据调查，仅西湖区就有60%~70%的茶企生产桂花茶，主要以桂花龙井和桂花红茶为主。四是产品覆盖高中低档，满足多元需求。省内直接加工的以中高档为主，主要供应传统泡饮渠道，而从省外代加工的，主要以茉莉花茶为主，窨制产量有几百、几千斤不等，甚至有几百吨的，产品层次高中低均有，以中低档为主，主要供应新茶饮渠道。

浙江花茶产业从发展到繁荣再到衰落，目前正处于花茶产业的复兴阶段。尽管当前产量、规模不大，然而浙江茶企外扩规模相对可观，由于劳动力成本、鲜花的地域限制等因素，浙江茶企到四川、广西等地直接办厂或委托加工花茶不在少数，成为浙江花茶发展的新形式。

1.2.3 浙江花茶产业展望

1.2.3.1 发展优势

（1）政策支持。2021年，浙江省农业农村厅出台了《关于深入推进茶产业高质量发展的实施意见》（浙农专发〔2021〕72号），意见指出到2025年，茶叶品种布局更趋合理，茶类结构进一步优化，形成以名优绿茶为主导，红茶、黄茶、白茶、青茶、黑茶和花茶、抹茶等茶类协调发展的格局，支持特色茶类发展。《花茶产业化关键技术创新集成与示范》列入浙江省2022年农业重大技术协同推广项目，专题开展花茶生产技术研究。在第四轮、第五轮茶产业与服务团队项目中，把特色茶类的发展作为重点研究、集成与示范推广应用之一进行推广。

（2）技术优势。浙江曾经是全国三大茉莉花茶生产基地之一，有丰富的利用香花的经验，在辉煌时期，花茶产品多次被商业部评为优质产品，在省内外存在一批有经验的技术人员，经营商户遍布山东、北京、广西等地，目前在广西开设窨花加工场的浙江人数量不在少数。2020年，浙江农林大学农业与食品科学学院与浙江婺洲茶业有限公司合作成立了"浙江农林大学金华茉莉花茶研究所"，以加速技术研究与转化、推动浙江花茶产业的恢复和发展。2021年，金华市人民政府公布了"金华茉莉花茶传统窨制技艺"列入金华市第八批非物质文化遗产代表性项目名录（金政发〔2021〕14号）；2022年，杭州市人民政府公布了"桂花龙井制作技艺"列入第七批杭州市非物质文化遗产代表性项目名录（杭政函〔2022〕52号）；2023年，杭州市滨江区人民政府公布了"陈源茂桂花龙井茶制作技艺"列入第七批滨江区非物质文化遗产代表性项目名录（滨政〔2023〕5号）；浙江省农业技术推广中心牵头制定完成了《栀子花茶》（T/ZJTSS 004—2023）《桂花茶加工技术规程》（T/ZJTSS 006—2023）2个团体标准。

（3）原料优势。浙江省拥有适宜茶树生长的气候和地理条件，有着丰富的茶树品种，有以龙井茶、安吉白茶、香茶等为代表的扁形、圆形、针形、毛峰等形状各异的烘炒青名优绿茶，这些绿茶为高品质浙江花茶的生产奠定了基础，形成了浙江独特的风味和品质，受到消费者的青睐。浙江食用花卉资源丰富，据杨少宗等调查，浙江省分布的可食用花卉植物隶属40多个科，达100多种，这些给浙江茶企生产花茶提供了丰富的花坯原料，给创新发展留出许多想象空间。

（4）市场优势。一是消费多元化的需求较旺；二是新茶饮研发企业众多，花茶需求量大；三是产品品质优势。浙江有覆盖全国的现制茶饮公司——古茗茶饮，有近1万家门店，花茶是茶饮中较常用的茶基底，主要有茉莉花茶、桂花茶及栀子花茶。据了解，2024年其茉莉花茶采购量达3 000吨；有康师傅、农夫山泉、娃哈哈等瓶装茶饮公司，其花茶的应用也不少；还有像浙茶集团、艺福堂、华茗园、更香等这样的花茶加工销售企业，有一批在云南、广西、山东等地发展的浙江茶人。目前，花茶市场消费水平向中高档品质转移，对茶坯提出了更高的质量要求，浙江历来重视茶叶品质，尽管在茶汤浓度上不及云南，但浙江茶叶加工技艺精湛，所制绿茶鲜爽度好，较适合窨制中高档清香型花茶。艺福堂生产的茉莉香珠曾荣获由中国茶叶流通协会组织推选的2021年度全国茉莉花茶推荐单品，其茶坯来自浙江省的高山绿茶。2023年，浙江婺洲茶业有限公司用安吉白茶作为茶坯，生产的农茶香牌栀子花茶获得由世界茶联合会与安徽农业大学共同举办的"第十四届国际名茶评比"金奖产品。

1.2.3.2 建议

花茶在全国茶叶生产中有一定的市场份额，近年来，全国花茶市场向中高端发展，市场上几千元，甚至上万元的花茶产品应运而生，更有单品销售过亿元企业，目前，中高端花茶经济效益显著，市场前景较好。据中国茶叶流通协会对2022年中国茉莉花茶销售形势分析，茉莉花茶内销均价（214.75元/kg），同比增4.29%，显著高于我国茶叶整体内销均价（141.62元/kg）。黑龙江、济南、辽宁等市场，300~500元/kg的产品是市场消费主流产品，除广西、福建、四川、云南等主产区外，浙江、江苏、贵州等其他产区产品销售量在不断增加，市场占有率从2021年的1.67%，上升到2022年的5.51%。

（1）加强政策支持。消费升级给具有茶叶品质优势的浙江茶企生产花茶提供了诸多机会，花茶符合新茶饮追求的滋味丰富、香气馥郁等选茶标准。浙江以生产绿茶为主，约占全省茶叶产量的90%，绿茶生产季节性强，主要集中在3—4月，绿茶销售量也相对集中，茶季一过，销量随之下降，花茶生产不但可以有效调节绿茶库存，还可以跟着节气走，做到全年有茶产，全年有茶卖，可大大丰富茶类产品，满足当下不同消费者需求。根据浙江省农业农村厅文件（浙农专发〔2021〕72号），支持多茶类协同发展，要鼓励企业有选择性地适量生产花茶，并加以规划引导，开展技术交流培训，在项目设计安排上给予扶持，支持科研院校加大对花茶的生产技术研究，开展科研攻关和创新产品研发。

（2）明确产品定位，突出发展重点。企业要通过多维度分析自身条件和现有花茶消费市场，明确主产产品和目标消费群体，进行差异化生产，避免同质化，如产品差异化、功能差异化、价格差异化、服务差异化、包装设计差异化、营销差异化等。利用好多样的原料，创新工艺方法，生产适合自己的花茶产品，使产品在市场竞争中占据有利地位，以提高产品销售量和市场份额。

（3）重振浙江花茶品牌。品牌打造有利于提升产品档次，增加市场竞争力，品牌是获取产品超额利润的有效途径之一。品牌的核心是产品品质，如果想要产品可持续发展，一定要有品牌意识，加强自主研发能力，提升花茶生产技术，提高产品质量，做好产品宣传，提高影响力和知名度。

第 2 章 花茶加工原料

2.1 茶坯

窨制花茶的茶坯范围较广，我国六大茶类均可窨制，目前，市场上均有相应花茶产品。但主要还是以绿茶为主，其次是红茶和青茶。在20世纪80年代前，窨花茶坯主要有烘青、晒青和条茶，另有少部分炒青绿茶，如大方、龙井、旗枪、珠茶等，级内（等级内）茉莉花茶茶坯主要以中小叶茶树品种加工为主。现制茶饮（俗称新式茶饮）市场的火热，带动花茶消费量迅速增大，成为新式茶饮三大原料（红茶、乌龙茶、花茶）之一，新式茶饮用花茶要求茶坯的茶味（滋味）比较强烈。目前，茉莉花茶茶坯以云南大叶种和以云南大叶种为父本或母本新育品种加工的烘青坯为主。随着年轻消费群体对花茶喜爱程度的增加，名优茶做茶坯窨制花茶开始受到年轻人的青睐，高档细嫩烘青、半烘炒、炒青加工的名优茶茶坯占比增加。

毛茶（素坯）需经精加工后才作为窨制用茶坯，内销级内茶坯分一至六级、茶片、茶末等花色。精加工流程与眉茶相似，但工艺相对简单，如安徽原歙县茶厂烘青素坯精加工流程（图2-1）。实行规模化窨花的名优茶茶坯也都要先进行筛分、抖筛、风选、机拣等整理，并将品质相近的不同批次的产品进行拼配，划分级别。生产实际中，大多数企业，因窨花数量不多，名优茶茶坯一般只作简单整理。

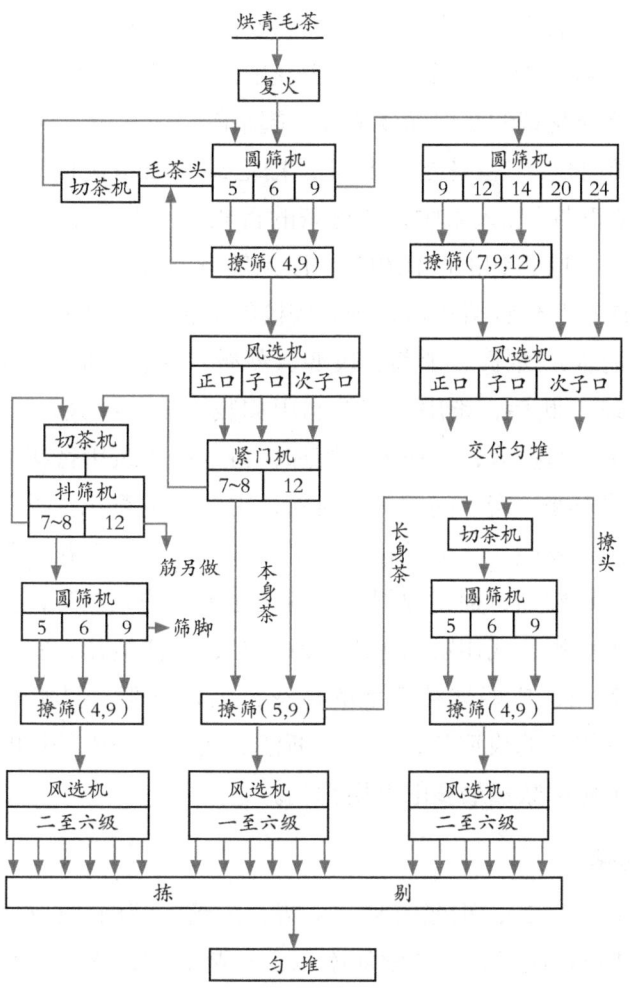

图2-1 安徽原歙县茶厂烘青素坯精加工流程

2.2 茶用香花

我国是世界上最大的香花生产国，栽培历史悠久，产区辽阔，其中可食用的花卉资源丰富，数量庞大。凡无毒、有芬芳香气和饮用价值的可食用鲜花，都可作为茶用香花。据统计，全国可食用花卉约有97个科，100多个属，180多种，其中浙江可食用的花卉植物有100多种，隶属于40多个科，虽然食用花卉资源丰富，但是较大规模栽培和利用的品种不多，一些种植面积较大的品种一直被作为观赏花木，如玫瑰、桂花、樱花等，在茶叶中应用的鲜花品种不多。茶用香花的发展同花茶生产的发展密切相关，是随着我国花茶的发展而逐渐发展起来的。

最早应用的茶用香花是茉莉花，据记载，12世纪的北宋宣和年间，曾利用"珍茉香草"加入茶中，增进茶的香味，作为"贡茶"，这是我国茶用香花的开始。14世纪的明代初期，以茉莉花为代表的鲜花正式开始用于花茶生产，这在明代钱椿年撰、顾元庆校的《茶谱》（1541年）中对香花品种作了详细记载："木樨、茉莉、玫瑰、蔷薇、兰蕙、橘花、栀子、木香、梅花皆可作茶。"此后，茶用香花的利用和栽培日益扩大，特别是1949年后，栽培地区迅速扩大，产量大幅增加，各地区的茶用香花生产则随着各地花茶生产的兴盛、衰落而起伏。目前，主要茶用香花种类有茉莉花、珠兰花、白兰花、玫瑰花、玳玳花、栀子花、桂花、柚子花、蜡梅花等，如广西横州、四川犍为、福建福州、云南元江等地的茉莉花，安徽歙县、福建漳州、广东广州、四川犍为等地的珠兰花，浙江杭州、安徽六安、湖北咸宁、江苏苏州、广西桂林等地的桂花，山东平阴、甘肃永登、新疆和田、陕西渭南等地的玫瑰花，四川、浙江、江西、河南等地的栀子花。茉莉花是茶叶中应用数量最多的茶用香花。

2.2.1 茉莉花

茉莉花（图2-2），别名末利、玉麝、茉芒、茉丽。据《南越行记》记载：汉代刘邦的重臣陆贾，"尝使南越，携苗而归，移植于南海，南人爱其芳香，竞植之"。明代李时珍所著《本草纲目》上也说，茉莉"原出波斯，移植南海，今滇广人栽莳之"。晋代嵇含的《南方草木状》（263—306年）载："耶悉茗花、末利花皆胡人自西国移植于南海，南人怜其芳香竞植之"。由此可见，茉莉在汉代从印度引进我国，种植于我国南方的广东、福建、云南等地，台湾、四川、浙江、江苏、安徽、江西、湖南等地的茉莉花都从福建、广东引种而来，距今已有1700多年的栽培历史。早期茉莉花种植主要用于观赏。目前，大面积栽培的省区有广西、福建、四川和云南。

茉莉花为木犀科素馨属的多年生常绿或半常绿灌木植物，其对生态环境要求是喜光怕阴、喜暖怕寒、喜湿怕水、喜肥怕瘦、喜酸怕碱、喜气怕闷。茉莉可露地栽培，也可盆栽，但茉莉怕寒，越冬防寒工作是茉莉花栽培至关重要的一环。茉莉防寒除将植株移进室内外，还有采用按畦搭棚保温防冻、掩埋防寒等方法。浙江金华兰溪有的采用盆栽，越冬移至室内，也有的采用地栽，越冬换成盆栽移至室内，或进行地膜覆盖，再按畦搭棚。茉莉繁殖方法有扦插、压条和分株。由于茉莉再生能力强，一般采用扦插繁殖。

图2-2　茉莉花

茉莉花聚伞花序，花顶生或腋生，多在夜间开放，鲜花色泽洁白，香气馥郁芬芳，早期主要用于庭园观赏，后作为药物使用，一百多年来，广泛用于窨制花茶和作为香料工业的原料。在花茶生产中，除窨制茉莉花茶外，还用来窨制茉莉红茶、茉莉乌龙及茉莉六堡等。从茉莉花中提取精油、浸膏和花露等香精，被广泛应用于香水、化妆护肤品、食品和医药等行业中。

我国茉莉品种约有60多个，依花形结构一般分为单瓣茉莉、双瓣茉莉和多瓣茉莉。单瓣茉莉花蕾尖长，花朵小而轻，香味清雅，产量低，抗病性差，栽种不多；双瓣茉莉花朵较大而重，分枝多，抗逆性强，产量高，虽香味不及单瓣茉莉，但香气浓，是目前我国大面积栽种的窨花品种；多瓣茉莉虽然花瓣数量多，但花蕾紧，圆而小，香气淡。

茉莉花期较长，从5月一直可以采收到10月，约可分为三期，第一期春花（5—6月），又称霉花；第二期夏花（7—8月），又称伏花；第三期秋花（9—10月），其中以伏花品质最好，产量最高，在浙江，伏花产量约为全年产量的50%。

茉莉花采收时间与产量、品质有密切关系，不宜早采，以接近开花时间采收为好，一般在14:00—15:00时开采为好。采摘含苞欲放、花冠筒已伸长、外观饱满、肥壮洁白,能在当天晚上开放的花蕾,不采已完全开放、花香已大部分挥发或发育未成熟、当天晚上不会开放吐香的花蕾。采摘时用食指和拇指尖夹住花柄,掌心斜向上方,食指稍微着力,花即采下,采摘的花蕾要求具有花萼、花柄,不夹带茎梗等非茉莉花类夹杂物。用清洁、通风性良好的竹篮或篓筐盛装鲜花,运送过程要防止花朵遭受挤压损伤或发热变质。

2.2.2 玳玳花

玳玳花(图2-3),又称回青橙、枳壳花、酸橙花。玳玳花原产于我国,种植历史悠久,长江流域各省及福建等地都有栽培,浙江省主要产地在衢州龙游县、金华婺城区及兰溪市。

玳玳为芸香科柑橘属的常绿灌木或亚乔木,耐寒力强,栽培管理比较容易。玳玳花着生于新梢叶腋,单生或集生,花朵小,呈白色,香气芬芳浓郁,常用来窨制花茶,或直接制成花干泡茶,是一种良好的暖胃剂。

图2-3 玳玳花

玳玳每年4—5月开花,以"立夏"前后开花最多,花期短,约1个月,此期的花产量约占全年总产量的90%。7—9月虽也有花,但数量少,一般留花结果,很少采收。玳玳花一般在清晨采收,以花朵成熟初开,但尚未开足,即俗称"朴头花"者为宜,此时花朵大、饱满、色泽洁白,富有光泽,香气最为浓烈。没有开放的闭合花,称为"米头花",芳香物质少且较难挥发。已经盛开的花,芳香物质大部分已挥发,含油量低,质量差。

2.2.3 白兰花

白兰花(图2-4),属于木兰科白兰属常绿乔木,不耐寒,宜在高温、阳光充足、土壤肥沃、排水良好的环境下生长。在气候温暖的云南、广东、广西、福建等地，都可露天栽培。在长江流域各地，一般采用缸栽，冬季需移进花房过冬，春季再移至室外露天管理，或采用搭建塑料棚过冬。白兰花再生能力弱，扦插很难成活，必须采用压条法或嫁接法进行繁殖。

白兰花生于当年所生枝条的叶腋，花蕾外包有绿色的苞片，苞片脱落后开放白色的花，香味浓烈，过去常用作观赏和配戴装饰，现还作为仅次于茉莉花的重要窨茶鲜花，

图2-4　白兰花

除单用窨制白兰花茶外，还多作茉莉花茶"打底"之用，即在窨制茉莉花茶时，常在第一次窨花时，用白兰花打底，即用少量的白兰花来窨制。白兰花花期长，生长适应性较强，分布地区广泛，温度适宜条件下，可全年开花，湖南地区，以6—7月产量最高，约占全年的70%，8—9月的秋花约占20%，其余时间开花比较零星。白兰花按生产季节不同，分为"春白兰""秋白兰"和"厢花"三种。"春白兰"花朵大小不匀，花瓣较薄，色泽稍差，香气欠浓，含水量高，略带水气。"秋白兰"花朵大，花瓣厚，色白净，香气浓郁，含水量比"春白兰"低，一般在75%~80%。"厢花"花朵小，色黄且青，香气淡，带青气，含水量较低，一般在60%~65%。

白兰花一般在6:00—9:00采收。按质量要求，白兰花分为"当天花""蟹花"和"青花"。以"当天花"质量最好，这种花朵花瓣微开，洁白、饱满，苞片刚脱欲放未放，香气最足。"蟹花"即已开放成"蟹"形的花，香气大为降低。"青花"即花朵苞片尚未脱落，成熟度不够的青色花朵，这种花朵香气尚未完成形成。白兰花采收时，用手轻轻地将白兰花从花梗处摘下，花柄不宜过长，注意不要伤到花瓣。

2.2.4 珠兰花

珠兰花又名鱼子兰、金粟兰、鸡脚兰、茶兰和珍珠兰(图2-5)。珠兰为金粟兰科珠兰属多年生草本常绿花卉,在我国江南各省均有栽培,主要产地在安徽歙县、广东广州、福建福州、浙江金华等地。适应高温、阴湿的环境条件,忌霜雪冰冻,因此,长江流域一带,大都栽培于盆钵中,需迁入花房越冬。珠兰繁殖方法有扦插、分株和压条,以扦插最为普遍。

珠兰穗状花序,纤细,长1~3厘米,花小、黄色,香气浓郁,除单独用以窨制珠兰花茶外,也和

图2-5 珠兰花

白兰花一样,可用作茉莉花茶"打底",能显著提高茉莉花茶香气。珠兰花期80~100d,俗称"百日花",一般5月开花,可持续到8月底,分为春花、夏花和秋花,即头花、中花和尾花,以头花品质最佳。各地花期早晚和产量略有差异,5月上、中旬开始的头花产量占全年总产的25%~30%;6月中下旬后的中花产量最多,质量最好,占全年总产的55%~60%,天气越热,花开越香;7月下旬以后的尾花产量只占全年的10%~15%,且花枝细弱,参差不齐。在安徽歙县,5—6月采摘的品质最好,产量最高(约占全年的48%);6月下旬至7月下旬采摘的质量和产量略次,约占全年总产的40%;其余时间产量仅占12%,花香较淡。

在当珠兰花由初时的青绿色开始变黄色而肥大时,要及时采收,此时花香最浓,一般在清晨日出前采收,连总花梗一起摘下,需轻放、保湿防水分蒸发,如摘后及时浸以清水,俗称"水花",以防止花粒脱落和香气散失。

2.2.5 桂花

桂花又名木犀、丹桂、岩桂、九里香（图2-6）。为我国传统的园林花木，分布范围较广，园林中常将桂花树栽植于道路两侧，假山之旁，凉亭之际。江南各省栽培历史悠久，如杭州满觉陇的桂花为杭州著名风景之一，广西桂林因桂得名。桂花宜在气候温暖，雨量充足，土壤富含腐殖质的环境条件下生长。桂花繁殖方法有扦插、压条、嫁接和实生苗。

桂花为木犀科木犀属的常绿小乔木或灌木，树冠高大，一般有3~6m。叶为单叶，对生，革质较厚，有光泽，椭圆形。花小，有细梗，簇生于叶腋中，属聚伞花序，每个花序有5~9朵小花，一般不结实。

图2-6 桂花

我国桂花品种资源丰富，有近300个品种，主要有金桂、银桂、丹桂、四季桂等4个品种群，不同的品种群挥发油香气物质差异显著，具体开花时间因不同的品种、产地、年份有较大差异，花期也不一样。金桂品种群花色金黄，紫罗兰酮类物质含量高，花香浓，有木香，9月下旬至10月上旬开花，产花量较高，花易褐变，易脱落；银桂品种群花色呈黄白色或淡黄色，罗勒烯含量高，花香极浓，呈甜香，8月下旬至10月上旬产花，花量高，花易褐变，不易脱落，不易采收；丹桂品种群花色橙红色或橘红色，芳樟醇及其氧化物含量高，花不易变色，不易脱落，但香气低；四季桂品种群花期长，花量少，香气低，每年9月至翌年3—4月，分批开花，一般集中在10—12月，多供观赏用。

桂花一般分二批开花，花期短，以初花期为最佳采收时期，一般只有4~5d，采收方法有先在树下铺塑料膜，用竹竿敲打或摇晃树枝，使桂花下落，时间以清晨有露水时为好，此法工效较高；也有折树或结合整枝直接用手摘的，此法鲜花品质较好，振落或折树易损伤枝叶。采下的鲜花，盛装容器要透气，要防挤压发热变质；进厂后，应立即拣剔杂物，及时窨制。

2.2.6 柚子花

柚又名文旦、香栾、朱栾、内紫、碌柚、胡柑、臭橙、臭柚、抛、苞、脬等（图2-7），在我国有3000年的栽培历史，形成了丰富的品种，如沙田柚、文旦柚、蜜柚等，沙田柚种植面积最广，文旦柚的群体最大；在中国的华南地区、西南地区、东南沿海地区等各柑橘产区均有柚类种植，形成了一大批地域名柚，如广西容县沙田柚、广东梅州金柚、重庆丰都红心柚、四川泸州护国柚和龙安柚、湖南江永香柚、福建平和琯溪蜜柚、浙江玉环柚和苍南四季柚、台湾晚白柚等。

图2-7 柚子花

柚为芸香科柑橘属多年生常绿乔木，叶单生复叶，叶厚。柚花簇生叶腋，稀单生，朵大瓣厚，香气浓，味厚。目前，利用柚花的芳香成分可以开发新型高级香精、高档化妆品和药品等。也可用作茉莉花茶加工中的打底用花，或单独窨制柚子花茶。

柚子花期在每年的4—5月，开花期10~15d，以当天上午采收含苞待放的鲜花为好。柚花易被机械损伤，运送要及时，避免腐熟。

2.2.7 栀子花

全世界栀子属植物约250种。据《中国植物志》记载，我国有5种，1变种，广泛分布于长江以南各省区，如四川、浙江、江西、福建、广东等地，为茜草科栀子属常绿灌木，耐寒力较强，单叶，对生或三叶轮生。栀子花较大，单生于枝顶或叶腋，无柄，花蕾时花瓣呈螺旋状，卷曲，花瓣呈白色，单瓣或复瓣，柔软而肥厚，香浓。据《汉官仪》记载，栀子有2100多年的栽培历史，因生产环境不同，出现了很多栽培品种，品种资源十分丰富，这些品种的不同主要表现在花色、花大小、花单重瓣、是否败育、果形态大小、叶片的形状、叶色的差异和变化等方面，但很多品种都鲜为大家知道。

目前，主要品种有单瓣雀舌（山栀子）（图2-8）、水栀子、雀舌栀子和大花栀子等，浙江省栀子花种植面积近7万亩，其中山栀子6万多亩，水栀子约1万亩。栀子喜温暖，怕燥热寒冷，温暖湿润的气候适宜栀子生长，有"涝不死的栀子，旱不死的茉莉"之说，但在花蕾盛期浇水不宜过多，以免落蕾。栀子繁殖一般采用扦插法和水插法。

栀子花期一般在5月中旬至7月下旬。采收时期以花瓣未十分开足时为好，在采收和运输中要防机械损伤和堆贮闷热。

图2-8　栀子花（山栀子）

2.2.8　玫瑰花

玫瑰花在我国已有2000多年的栽培历史（图2-9），目前，在全国各地都有栽培，主要用于提取精油、加工馅料、制作玫瑰花茶和中药材等。从玫瑰花中提取的玫瑰精油，为世界名贵香料之一，是高级香精的调香剂，也是制作糖果、糕点、蜜饯等的食品香精。玫瑰花色泽鲜艳，香气怡人，可直接制作成玫瑰花食品、玫瑰花茶饮、窨制玫瑰花茶。我国食用玫瑰花种类繁多，主要集中在山东平阴、甘肃苦水、云南安宁、新疆和田、北京妙峰山、江苏铜山和陕西渭南等地。主要品种有重瓣玫瑰、苦水玫瑰、墨红、大马士革玫瑰。

玫瑰为蔷薇科蔷薇属落叶灌木，耐寒性强，叶为奇数羽状复叶，互生，完全花，花色鲜艳，呈紫红色、鲜红色或白色，花香浓郁，少数单生，多数簇生，伞房形花序。按花瓣数量分有单瓣花、复瓣花和重瓣花，一般单瓣花有花瓣5片，复瓣30~50片，重瓣60~100片。4月初现花蕾，采花期为4—6月，窨花用玫瑰花，宜在上午采收，以花朵初开，花瓣迭合未放、雄蕊还未显露时为佳，采下后需放置在清洁的竹筐内，不可挤压，应及时运送进厂，摊晾，以保证玫瑰花新鲜。

图2-9　玫瑰花

第 3 章

花茶窨制技术

3.1 香花吐香机理

花茶窨制是利用香花吐香规律和茶坯吸香性能，采用独特的窨制工艺技术，使茶坯充分吸附香花吐出的香气物质，在一吐一吸的过程中，茶与花发生了一系列较为复杂的理化变化，形成既有茶香，又有花香的花茶品质特征。正确认识香花的吐香机理和茶叶吸香机理并掌握这两个特性，是设计花茶加工工艺的基础。

3.1.1 香花吐香的习性

香花之所以"香"，是因为其花瓣（或整个花器）能释放出挥发性芳香化合物，目前已从60多个科的植物花中鉴定出1 700多个挥发性化合物，主要有酯、醇、酮、酚及酸、醚、内酯、含氮化合物和含硫化合物等，其化学组成比较复杂，香花不同，其挥发性化合物不同，组成比例不同，每种香花都有其特征香气成分。因此，了解香花的吐香习性及影响因素对窨制出优质的花茶至关重要。

根据香花芳香物质的形成和挥发特性不同，将香花分为体质花和气质花两种。体质花的芳香物质以游离状态存在于花瓣中，随着花朵的开放，香气逐渐浓郁，后又逐渐减少，这类鲜花要待生理完全成熟，香气最浓郁时才采摘。采摘后其香气的挥发与鲜花生理关系不大，即开放度对吐香能力影响不大，已完全开放的体质花仍可用于窨制花茶，窨制常用的体质花有玫瑰、玳玳、白兰、珠兰等。气质花的芳香物质主要以糖苷类的结合形态存在于花朵中,随着花蕾成熟开放,体内糖苷类物质在糖苷酶的作用下水解成糖和芳香物质,并放出热量,促使芳香物质随花朵开放不断形成和挥发,其不开不香,开完后也不香,这类香花在窨花时能维持鲜花生机的时间越长,吐香也越多。茉莉花是典型的气质花,因此,茉莉鲜花要在鲜花生理接近成熟但还没有开放的状态下采收,待经一定时间的维护达到生理成熟,开放吐香时,马上用于窨制花茶。

茶用香花开放吐香有时间性,开放前期香浓芬芳,后期香气低淡。吐香时间有长有短,短的不到1 d,长的有6~7 d,所以窨花时间性较强,必须利用鲜花吐香的最佳时间及时付窨,并掌握好窨花时间,待吐香减弱时及时起花。

3.1.2　影响鲜花吐香的因素

影响鲜花吐香的主要因素有温度、水分和氧气。

3.1.2.1　温度对鲜花吐香的影响

鲜花离体后,温度通过影响鲜花的酶活性及芳香物质的挥发扩散来影响吐香。对体质花来说,在适宜的温度范围内,温度越高,气体热运动速度越快,吐香越浓烈;对气质花来说,在一定温度范围内,温度上升,有利于鲜花开放,增强糖苷水解酶的活性,促进芳香化合物水解,其扩散作用加快。研究资料表明,不同鲜花都有其最适宜的吐香温度,如茉莉花为35~37℃,白兰花为30~38℃,玳玳花为50~60℃,珠兰花为35~40℃,桂花为36~41℃,玫瑰花为40~45℃。温度过低鲜花吐香慢,窨花效果差,温度过高,鲜花生机受影响,会黄熟,导致"热死"花朵,降低花香,还会促使茶坯将已吸收的芳香油挥发,"解吸"作用加剧,不利于芳香化合物在茶坯孔隙表面黏附和吸附。同时不利的化学作用加强,使香气不纯,品质形成受影响。窨花温度,除环境温度外,主要是鲜花呼吸作用释放出热量而形成的堆温,因此,在花茶窨制过程中要注意及时通花散热,保持适宜的窨制温度。

3.1.2.2　水分(包括相对湿度)对鲜花吐香的影响

水分是通过影响代谢及芳香化合物挥发来影响鲜花吐香的。茶坯水分含量对茶与花拼和后鲜花所处的小环境影响很大,直接影响茶堆中的空气相对湿度。鲜花芳香物质是随着水蒸气的蒸发而挥发的,空气相对湿度过高或过低都不利于鲜花吐香。湿度过高,水分蒸发受到抑制,限制香气的扩散;湿度过低,鲜花表面易干枯,从而影响水分的蒸发和香气的扩散,另外,维持鲜花正常代谢活动被打破,不利于气质花挥发油的形成。空气相对湿度一般应控制在70%~90%,茶坯的水分含量控制在20%以下。

3.1.2.3 供氧对鲜花吐香的影响

鲜花离体后,仍然在进行正常的新陈代谢,特别是温度上升更会引起鲜花的强烈呼吸作用而产生热量,这就必须要有适度的供氧,即供应新鲜空气,及时散热,防止鲜花变质。特别是以茉莉花为代表的气质花,离开了母体后花组织内的有机物质的转化和芳香物质的合成作用仍在不断进行。芳香化合物随着花朵的生理代谢不断挥发出来,即所谓开放吐香。这一过程完成得快慢和好坏,取决于花朵呼吸作用所产生的能量供应状况。供氧足,花朵呼吸强度大,生理成熟快,开放吐香早;供氧不足,花朵不能顺利完成生理成熟和开放吐香,而且会因无氧呼吸产生酒精味。所以,窨制花茶时不能完全封闭,在生产上为了满足鲜花开放对氧气的需求和散发热量及水蒸气,窨制过程应保持半密闭状态。

3.2 茶坯的吸香原理

掌握花茶窨制技术,除了要熟悉鲜花吐香规律,还必须研究茶坯的吸附特性,弄清茶坯吸香的规律。

3.2.1 茶坯吸香的内在特性

研究表明,花茶在窨制过程中,茶坯吸附香气主要通过物理吸附和化学吸附两种形式,物理吸附速度快,无选择性,但可逆,化学吸附靠化学键结合,吸附牢固,很难解吸,但吸附速度一般较慢。

3.2.1.1 茶坯的多孔隙性形成了良好的物理吸附条件

茶叶是一种组织结构疏松多孔隙的物质,从表面到内部有许多毛细管,构成各种大小不同的孔隙,使得其表面积增加很多倍,这就决定了茶叶具有较强的吸附性。茶坯的吸附性能与孔隙的孔径大小、孔隙深浅密切相关。茶叶内部的孔隙数目越多，孔隙表面积就越大，吸附能力就越强。细嫩的茶或茶坯加工时用力大的茶（如炒青茶），孔径小、孔隙短，吸附能力强，吸收香气量多，但吸香速度慢；粗老的茶，孔径大、孔隙长，吸附能力弱，吸收香气量少，但吸香速度快。因此，细嫩的茶坯窨花时配花量多，且需多次窨制；而粗老茶坯窨制配花量少，窨次也少。

3.2.1.2 棕榈酸和萜烯类物质具有较强的吸附性能

茶叶中含有棕榈酸和萜烯类等能吸附异味的成分，这类物质本身没有香气，但具有较强的吸附性能，可以吸附花香和其他异气，具有定香剂的作用。细嫩茶坯棕榈酸和萜烯类含量较高，粗老茶坯含量低，这是花茶窨制时影响配花量和窨次差异的原因之一。

3.2.1.3 以茶叶水浸出物为载体的化学键吸附

所谓化学键吸附，是由于固体表面存在不均匀力场，表面上的原子（或分子）往往还有剩余的成键能力，当气体分子碰撞到固体表面上时，便与表面原子（或分子）间发生电子的交换、转移或共有，形成较为牢固的吸附化学键。1989年骆少君等实验发现，去水浸出物、醚浸出物茶样窨制茉莉花茶，仍然吸附有大量的香精油，但香气的主要组分明显低于对照，没有正常茉莉花香；1983年马崇德实验发现，茉莉花精油部分溶于水；李立祥提出香精油能溶于有复杂溶质的水中，从而借助水的作用从鲜花渗透、扩散至茶坯内部，高含水量的茶坯仍有吸香能力；1993年刘用敏指出水与香气物质通过氢键结合有利于茶叶吸香和固香；2002年汤一提出了茶叶中的高分子成分能通过氢键束缚和空间位阻作用吸附香气；2003年方世辉等试验得出水具有较强的吸香能力，茶汤吸香能力更强，吸附的香精油总量比水样提高了31.23%。从这些试验及观点我们可以推论出窨花过程中存在着化学键吸附。

3.2.2 影响茶坯吸香的外部条件

3.2.2.1 茶坯含水量对吸附性与解吸性的影响

以前的茶叶吸附理论一直认为，茶坯含水量高，孔隙率降低，吸附能力相应减弱。因此，一般茶坯的含水量要求控制在4%~5%，每次窨前均需复火，以利吸香。茶叶吸香特性研究新发现，茶叶含水量在2%~25%

以内都具有明显的吸香能力，茶叶着香效果主要决定于茉莉鲜花的吐香能力，而较高含水量的茶坯在窨制过程中能保持鲜花的活力，明显提高鲜花吐香能力，因而对花茶的香气浓度和鲜灵度等品质指标有良好的效果。

3.2.2.2 温度对茶坯吸香的影响

温度对花香的扩散作用有直接关系，温度高，花香扩散速度快，香气浓度大，茶坯的吸香能力也增大。花香扩散作用所要求的温度因香花种类不同而异。因此，鲜花不同，坯温要求也不一样，必须根据香花的类型和特点灵活掌握。

3.2.2.3 在窨时间对茶坯吸香的影响

在窨制花茶时，花香扩散时间越长，被吸附的香气量也越大。窨制时间的长短虽决定于扩散时间的长短，但与香花种类、气候、坯温、配花量和堆的大小、厚度有直接关系。时间过长，被吸附的香气量虽大，但吸附热也大，会使茶叶劣变；时间过短，吸附量小，花香未能被充分吸附。在实际生产过程中，适当延长在窨时间，花朵香气扩散量多，吸附量也多，有利于花茶香气浓度的提高；适当缩短在窨时间，吸附量小，则有利于花茶的鲜灵度形成。因此，头窨时间适当延长，可为浓度打好基础，以后逐渐缩短，以保证在浓度的基础上提高鲜灵度。

3.2.2.4 茶与花拼和的均匀性对茶坯吸香的影响

茶叶吸附过程先由水与芳香物混合气体的分子向茶叶外表扩散，然后向内扩散，最后被吸附。吸附的快慢决定于外扩散和内扩散的快慢，扩散快，吸附过程快。扩散面积大，扩散量也就大。在窨制花茶时，香花越分散，拼和越均匀，扩散面积就越大，扩散量就越多。窨花过程中，白兰花折瓣或切碎付窨，珠兰拆散花枝都是增加扩散面积的有效措施。

3.3 窨制设备

花茶窨制设备按照花茶加工程序可以分为鲜花处理设备、窨花设备、起花设备和干燥设备。

3.3.1 鲜花处理设备

鲜花进厂后,应选择阴凉洁净且通风良好的地方进行摊晾,并进行除杂处理,对于茉莉花的花蕾,还需通过摊、堆、抖、筛、晾等措施进行维护和培养。用于鲜花处理的设备及器具主要包括竹编、摊青机、风选机、筛子、抖筛机等。部分鲜花处理设备及器具见图3-1。

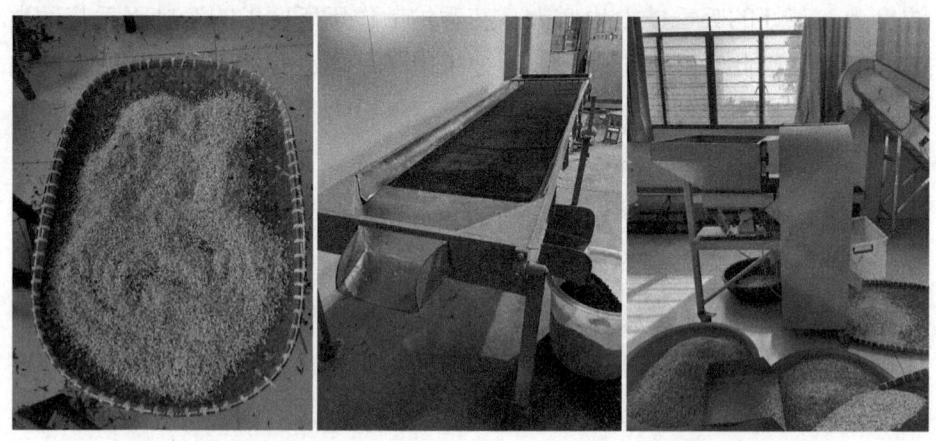

图3-1　鲜花处理用竹编(左)、抖筛机(中)与风选机(右)

3.3.2 窨花设备

现行窨花方式有箱窨、囤窨、堆窨和机窨等,其中箱窨、囤窨、堆窨所用的器具简单,有木箱、纸箱、塑料箱(框)、铁箱或竹编等,部分窨花器具见图3-2,这里主要介绍机窨设备。

图3-2　窨花用竹编(左)、塑料框(中)与纸箱(右)

3.3.2.1 流动式窨花机

流动式窨花机是最早的窨花机,是一种小型机动车,茶和花由人工给料,经车上搅拌器搅拌均匀后,铺在地板上进行窨制。另外一种形式为非自走式，前进由人工拉动，茶和花分别由两条输送带送入机器上部的茶、花拌和装置，经拌匀的茶和花流铺到地板上窨制。

3.3.2.2 箱式窨花机

箱式窨花机亦称"窨花箱"。其主体结构为窨花箱仓，窨花箱仓顶层有进茶输送带，将茶、花混合料分别入仓，箱仓下面有出茶输送带，将完成窨花的茶叶送上抖筛机起花，实现了连续化生产。该类机型的优点在于每个箱仓内窨制量少，茶坯吸香时间延长，窨制质量较好，但开仓抽底板下茶劳动强度较大。适用于批量不大的生产规模。

3.3.2.3 立体式窨花机

三层窨花箱垂直排列，每层采用独立传动机构，底层为输送带。花与茶的配比采用简单的机械流量控制方法实现。当窨堆温度达到通花温度时，就开动电机，拉动连杆机构，使翻板上的窨堆自下而上逐级翻落，最后由底层输送带送往后续工序窨花或起花。其优点为结构简单，造价低。缺点是翻床下茶不匀，有波峰，需人工耙平。

3.3.2.4 链板式窨花机

链板式窨花机系采用承载能力大、平稳性能好的百页板及曳引链组装而成的立体型联合窨花机。整机由四层百页板组成，每层采用独立传动机构，可按工艺要求进行无级变速，适于大型茶厂使用。

3.3.2.5 行车式窨花机

窨花主机部分为一台专用行车，可按窨花工艺要求纵横向移动，以便将进茶输送机送来的茶、花混合料，均匀地铺放在楼面（地面或窨花场所）上进行静止窨制，用电子秤控制茶叶流量，设有测温报警装置，当达到通花温度时，行车上的刮板下落，把窨堆推向中间长槽内，由输送带送往续窨或起花。

3.3.2.6 封闭式窨花机

该机由输送机、机架、花和茶箱体、管路系统、传动顶升系统、电气控制系统等组成。窨制过程中，整个系统形成密封循环体，开启风机后，管路循环系统进入工作状态，气体交替定时循环流动，使鲜花香气反复通过茶箱体内茶层，达到窨花目的。

3.3.2.7 隔离窨花机

20世纪70年代，全国花茶改革小组在福州茶厂进行了"密闭隔离窨花"实验，该工艺可降低成本，减少配花量，降低劳动强度，成品不复火，花茶鲜灵度好，汤色明亮，但浓度不够，耐泡性一般。

目前个别企业在用窨花生产设备见图3-3。

图3-3 连续窨花设备

3.3.3 起花设备

用于花茶窨制后分离花渣，主要设备或辅助器具有风选机、筛子、簸箕、抖筛机、色选机等，部分起花设备见图3-4。

图3-4 起花用筛子（左）与抖筛机（右）

3.3.4 干燥设备

常见的干燥设备有斗式烘干机、链板式烘干机、烘焙提香机、复干机、瓶式炒干机、八角式炒干机、圆筒式炒干机、辉干机及烘笼等。

花茶加工干燥，一般采用链板式烘干机、烘焙提香机及烘笼，部分设备见图3-5。

图3-5 干燥用茶叶烘干机（左：6CH-30）与茶叶提香机（右：6CH-6.0）

3.4 花茶窨制技术

花茶加工基本延用传统窨花技术，即将茶坯和鲜花充分拌和，在静止状态下让茶坯慢慢吸附花香，待鲜花失去生机，香气基本散失，筛除花渣后烘干。随着花茶窨制新理论的发展，创新工艺不断研发，如湿坯连窨、隔离窨，但在大规模生产中仍较少应用。

3.4.1 窨制方式

根据茶花是否接触，分为拌和窨与隔离窨。拌和窨即茶花直接均匀混合，所窨花茶花香浓度高，是生产企业常用窨花方法；隔离窨，采用一层茶一层花，茶与花之间用纱布、不锈钢网等食品级材料隔开，或采用隔离窨花机，此方法茶花互不接触，有利于保持花茶色泽品质特征，但不利于通过水分传递香气物质，香气品质不如拌和窨，日常使用较少。

根据茶花拌和后窨花场所的不同，有陶缸（罐）窨、竹编窨、箱窨、囤窨、堆窨及机械窨（百叶板式窨花机、立体窨花机、气流窨花机等），以堆窨、竹编窨、箱窨（图3-6）较为普遍。大批量窨制采用堆窨，一般堆高20~40cm。名优茶可用箱窨，每箱装七八成满即可，或用竹编窨，窨堆中间可低一点，便于通气散热，防止中间温度上升太高，香气不纯。

根据多窨次窨花每窨结束后要不要进行复火干燥，分为连窨与非连窨。非连窨即传统窨花工艺，每次窨花结束后，都要先干燥，达到一定含水率后再进入下一窨次；连窨即并非每窨结束都要干燥，前后窨次之间可以不复火。连窨工艺认为含水量为10%~30%的茶叶吸香效果好，鲜花利用高，可降低劳动强度，如两窨次的，一窨结束后直接连窨二窨。三窨次的，可以一、二窨连窨，也可以二、三窨连窨。四窨及以上的，可以一、二窨，三、四窨多次连窨。连窨技术存在对茶叶水分控制要求高，在实际生产中应用较少。

图3-6　花茶拌和窨的囤窨（左）、箱窨（中）与堆窨（右）

3.4.2　窨次与配花量

一个花茶产品往往涉及多窨次窨花，包括头窨（一窨）、再窨（二窨、三窨、四窨……）和提花，市场上既有一窨花茶，也有多窨花茶，如九窨茉莉花茶。多窨次窨花中各窨次工艺流程基本一样，但窨花目的不同，工艺参数略有不同。传统窨花认为头窨是关键，要窨透，再窨的主要目的是提高香气的浓度，提花目的是选择优质鲜花提高香气的鲜灵度，从而使花茶成品达到浓而鲜灵。

窨花时，茶坯和鲜花拌和应有一定比例，称之配花量。配花量过多，茶坯不能全部吸收，造成浪费，配花量过少，香气不浓，降低花茶产品质量。生产中需根据鲜花品种、质量，茶坯类别、外形等确定配花量多少。

多窨次窨花，各窨配花量从多到少，或从少到多，鲜花利用率都是逐窨降低。在总配花量不变的前提下，逐窨减少比较合理，香气质量也较好。生产中掌握"头窨吃足，逐窨减少，轻花多窨"的原则能达到底香足，香气长。茉莉花茶加工中，头窨比二窨配花量要多25%左右。

3.4.3 打底、压花与提花

在花茶加工中，打底、压花与提花工艺同花茶窨制工艺，只是目的不同，窨制技术要求略有不同。

在茉莉花茶窨制时，先用少量白兰花窨制，或将少量白兰花和茉莉花一起窨，或先制成香气浓烈的白兰花茶（"兰母"），在茉莉花茶加工时再加入一定比例的"兰母"一起窨花，目的是用白兰花浓郁的香气来衬托茉莉花香气的浓度，称作白兰花"打底"。用白兰花"打底"在浙江、苏州、福建、广西等地已被广泛采用，但"兰母"打底加工的茉莉花茶品质比直接用白兰花打底要差，常用于低档花茶。需要注意的是"打底"鲜花的用量要适当，使花香协调，不能夺了茉莉花的香气，一般每50kg茶坯打底白兰花不超过0.75kg，否则易透兰香，影响茉莉花茶的纯度。生产中也有用珠兰花、柚子花等其他鲜花来"打底"，福建很早就有用柚子花"打底"的习惯。打底技术实则是一种香气调和的应用，人们利用香气调和创新窨制花香层次丰富的"双窨"花茶，如茉莉＋桂花、桂花＋茉莉、桂花＋蜡梅等花茶。

压花一般应用于中低档花茶的加工，即利用有余香的经过窨制或提花使用后失水萎蔫的花（花渣）窨花，实际生产中也有用完全开放香气浓度欠佳的鲜花来压花的。压花时间一般5~7h，具体视花渣用量、鲜活度可适当延长或缩短，压花的目的是洗去低级茶坯的粗老涩味，同时提高鲜花的利用率。

提花，即用少量鲜花最后窨制一次，不经烘焙直接匀堆装箱，以提高花茶香气的鲜灵度。要根据提花后产品的含水量测算配花量，并控制好窨制温度及时间，提花后含水量要控制在产品标准要求内。

3.4.4 花茶窨制技术要求

3.4.4.1 窨制工艺

用来窨花的茶类和鲜花的种类不同，花茶品质也不同，但各类花茶的加工方法则基本相同，其主要工艺流程为原料处理（茶坯、鲜花处理）→窨花拌和→通花→续窨→（起花）→干燥→（再窨或提花）→匀堆装箱。

3.4.4.2 窨制技术要求

（1）茶坯处理。窨花前须先开汤审评，了解茶坯品质，然后进行复火处理。传统加工认为茶坯含水量与吸香能力成反比，茶坯需进行复火处理，温度掌握在90~130℃，高档茶温度低一些，中低档茶及有杂味的茶温度宜高一些，复火后茶坯含水量要求在4%~5%。复火时要防止出现老火味，以影响香气质量。一般复火后的茶坯要摊放冷却到接近室温，一般需提前3d到一周时间复火，冷却时要防止受潮。在实际生产中，冷却程度可根据香花种类及气温高低灵活掌握。

（2）鲜花处理。鲜花处理的原则是保持鲜花新鲜，并达到要求才能付窨。鲜花不同，处理技术不同，同一鲜花不同采收季节其处理技术也略有不同。一般鲜花进厂后需及时摊放散热，摊放地点要阴凉、清洁、通风，必要时可以用风扇加速空气流通。摊放厚度2~6cm，具体根据鲜花种类、采收季节而定，气温高要摊得薄，气温低可厚些，雨花和露水花要薄摊勤翻，待鲜花表面水分散发后，根据需要及时进行养花，或筛花、除杂、拆瓣等处理（图3-7）。

（3）茶花拌和。以堆窨为例，首先将处理好的茶坯平铺在干净的地面上，接着将鲜花均匀撒在茶坯上，然后用铁耙等工具进行拌和，要求茶和鲜花混合均匀。如果数量较少，也可以采用手工拌和（图3-8）。完成茶花拌和后，形成窨堆，在窨堆的堆面上薄而均匀地撒上一层同批次茶坯，加以覆盖，叫作"盖面"，以防止鲜花外露，花香散发，从而提高花香利用率。需要注意的是，匾窨通常采用手工拌和的方式进行操作（图3-9）。

图3-7 鲜花抖筛（左）、风选（右）与人工除杂

图3-8 堆窨茶花拌和

图3-9 囤窨茶花拌和

茶花拌和后形成的堆的高度，称为堆高，堆高与堆温呈正相关，堆高越高，静置窨花过程中堆内温度上升越快，一定的堆温是形成花茶品质不可缺少的环境条件，堆温高可提高花茶香气浓度，堆温低可提高花茶香气鲜灵度，生产中可通过调节堆高来控制堆温，以满足花茶不同香气的需要。低级茶坯或陈茶坯，茶坯在吸收鲜花水分后，在较高温度下，多酚类化合物发生自动氧化，使茶汤滋味变得醇和，可降低茶汤的涩味和陈味。同时，随着温度的上升，还能促进鲜花香气的形成和挥发，有利于茶坯的吸收。但温度不是越高越好，每类鲜花都有其最适温度。过高则鲜花提早萎蔫，使香气不纯甚至变质，这时需要进行通花来降低堆温，使鲜花保持新鲜，不断为茶坯所吸收。头窨窨堆宜高，中间窨次低一点，提花可再低一点。低级茶相比高级茶堆高可高一些。

（4）通花。通花是窨制工艺中的重要环节，与成品茶香味的鲜浓度密切相关。在静置状态窨花期间，窨堆内温度会逐步上升，当堆温在鲜花吐香的适宜温度范围内，在湿热作用下，对花茶品质有利，堆温超过则需及时散堆薄摊，散发热量，即"通花散热"。通花散热的技术关键是要掌握通花时间，核心是堆温。过早通花，茶叶与花香味不调和，浓度就差，以后即使再窨也很难改变。通花过迟，茶坯吸香不清，不但没有鲜灵度，而且香气不纯，甚至产生劣变气味。堆温和堆高与在窨时间、茶花质量及环境温度等相关。气温高时通花可考虑以茶坯上升温度为主，再参照窨花时间进行；气温低时以在窨时间、吸香吸水为主，再参照坯温进行。

通花方法是将茶堆扒散摊开，厚度约10cm，每隔15min左右开沟翻动1次，若发现有茶、花不均匀处，要拌匀，要求通花要通透、通匀。其作用：一是散发热量，防止鲜花受热产生水闷味；二是供给新鲜空气，有利于鲜花恢复生机，继续吐香；三是变换茶花接触面，使茶坯吸香均匀。

采用低温窨制时，窨堆温度未达到通花温度的，体质花窨花可以不通花。

（5）收堆续窨。通花散热后，当堆温下降到接近或略高于室温时，应收堆重新窨制，称为收堆续窨。收堆温度应根据不同香花的特性、气温的高低、窨制次数等灵活掌握。

收堆温度太高，会散热不透，容易造成香气不纯，影响花茶的鲜灵度。收堆温度太低,将影响鲜花能继续吐香和茶对香气的吸收。续窨堆高应比通花前的堆高略低。

(6)起花。当鲜花呈萎蔫状,香气微弱即可起花(图3-10)。用筛分设备将花渣与湿坯分开,掌握高档茶先起,中低档茶后起;多窨次茶先起,头窨茶后起。未能及时起花的,要薄摊散热。

图3-10 起花

(7)干燥。起花或不起花的湿坯需及时烘干,待烘的湿坯应薄摊,忌闷堆,掌握高档茶先烘,中低档茶后烘。烘温60~110℃,头窨高,逐窨降低,烘后茶叶含水率根据要求而定,待转窨的含水率控制在每次烘后比窨前茶坯略高,待提花的含水率控制在6.5%~7.0%,成品含水率控制在标准范围内。

(8)匀堆装箱。提花一般不通花,由于花量较少,堆的中间和四周,上面和底下的品质会有差异,所以,提花后的成品,须进行匀堆,使全堆品质基本一致。不同批次窨制的同一批花茶,也要先进行匀堆,然后装箱(袋)。经检验合格后方可出厂。

3.4.5 金华花茶传统窨制技术

浙江金华所产窨制用鲜花种类较多,有茉莉、白兰、珠兰、玳玳、柚子、桂花等。原金华花茶厂所取的茶坯,全部选用浙江所产的茶叶,以烘青绿茶为主,另有龙井、大方、旗枪,以及外销茶副产品如三角片、茶蕊等。产品按鲜花命名有茉莉花茶、玳玳花茶、玉兰花茶、柚子花茶、桂花茶等；按茶叶命名有花龙井、花大方、花旗枪、花三角等；其他命名有一级茉莉烘青、二级玉兰大方、二窨一提花茶等。

浙江金华花茶产品特征：茉莉烘青香气浓厚、清新、持久；玉兰花茶香气浓烈、爽利；珠兰花茶香气浓幽、清新；玳玳花茶和柚子花茶的香气清醇，带柑橘香气。各种花茶的窨制技术基本上相似，现以传统茉莉花茶窨制技术进行阐述。茉莉花茶窨制工艺流程：茶坯处理、鲜花处理、茶花拌和、静置窨花、起花、干燥、提花、匀堆装箱。

3.4.5.1 茶坯处理

窨制花茶的原料，经过精制加工成不同等级的茶坯，茶坯品质对花茶品质的好坏起主导作用。茶坯一般要经过干燥处理，烘干机温度一般不宜太高，高档茶坯在100~110℃，中低档茶坯可在110~120℃，需防产生老火和焦味。干燥后保持水分在4%~4.5%。

茶坯经干燥后坯温较高，经测定，下烘后温度达90℃，放入篾囤内隔一夜尚有75℃，因此，必须通过充分摊凉、冷却才能付窨，一般放置3~5d。季节不同，对茶坯温度要求不同，伏花期，气温高，以34℃为最高控制点，一般掌握在31~33℃。霉花和秋花期，气温较低，以30℃为最高控制点，一般掌握在27~29℃。

3.4.5.2 鲜花处理

当天采收的茉莉鲜花进厂后，即行摊放，厚度5~10cm，以散发装运途中发生的闷热和青草味，并除去花蕾表面的水分。接着筛花去除杂质、青蕾和花蒂，分开大花和小花，并分别进行堆花，以促升温，一般以堆放的厚度来调节花温，堆温上升，耙开花堆薄摊降温，待花温下降再归堆，如此反复3~5次，通过堆与摊促使花蕾匀齐开放。因季节气候不同，技术上要灵活掌握。金华地区，通常伏花季节室温在32~34℃，以薄摊为主，摊放场所有时还需喷水降温增湿。霉花和秋花末期，气温较低的季节，以堆花提高花温为主，甚至覆盖布袋保暖来养花。雨天花，须将鲜花薄摊在通风场所，以蒸发表面水分。当80%左右的鲜花达到半开程度，即开放度（指一朵花蕾开放后花瓣形成的角度）达90°（呈虎爪状）时，为适宜的付窨标准。

3.4.5.3 茶花拌和

根据茶与花的配置比例，采用一层茶一层花，快速混合均匀，最后在窨堆的堆面上均匀撒上一层1~2cm厚的茶坯，不使鲜花外露。原金华茶厂窨花采用高40cm、长400cm的小篾囤窨制，篾囤中央安置通气筒。配花量比例根据茶坯疏松程度和叶片厚薄而定，各窨次配花量比例逐窨减少，金华地区每100斤茶坯下花量见表3-1。

表3-1　金华地区茉莉花茶每100斤茶坯窨制用花量

品级别	茶坯级别	窨花次数	用花数量/斤					白兰花打底数量/斤			
			合计	第一窨	第二窨	第三窨	第四窨	提花	合计	第一窨	第二窨	提花
特	特	四窨一提	115	36	32	22	18	7	1.5	0.75	0.25	0.5
一	一	三窨一提	90	37	26	20		7	1.5	0.75	0.25	0.5
二	二	二窨一提	70	37	26			7	1.25	0.75		0.5
三	三	一窨一提	36	29				7	2	1.5		0.5
四	四	一窨一提	32	25				7	2	1.5		0.5
五	五	一窨一提	26	19				7	2	1.5		0.5
六	六	一窨一提	7	花渣干50~70斤				7	1			1
七	七	一窨一提	7	花渣干50~70斤				7	1			1

3.4.5.4 静置窨花

一般茶花拌和后4~5h，茶堆温度会上升到46~50℃，需要及时通花散热，散除堆内过高热气。湿坯水分掌握在14%~18%，否则，茶坯条索松散，增加干燥时间，影响花茶质量。由于各窨次湿坯干燥后水分逐窨增加，在窨时间要逐窨减少，一般整个窨花过程历时9~12h，其中头窨特、一、二、三级茶为10~12h，四、五级为9~11h，二窨特、一、二级为9~11h，三窨特、一级为9~10h，提花特、一、二级为9h，其余均为9~10h。实际生产中，通花温度和窨制时间要根据生产季节、茶坯及窨堆大小、高度等灵活掌握，如大伏天，室温高，以掌握温度为主，春、秋末期以掌握在窨时间为主。通花后收堆续窨的温度不能太低，也不能太高，生产中一般掌握在33~39℃，各窨次通花温度和收堆温度如表3-2所示。

表3-2　金华地区茉莉花茶各窨次通花和收堆温度

窨次	通花时在窨品温度/℃	收堆时在窨品温度/℃
第一次	46~50	35~38
第二次	45~48	33~37
第三次	43~46	33~37

3.4.5.5　起花

一般在通花散热后4~5 h起花，温度控制在36~38℃，2~3 h起花完毕。掌握"先窨先起，后窨后起；提花先起，窨花后起；高级茶先起，低级茶后起"的原则。

3.4.5.6　干燥

起花后的湿坯必须及时干燥，烘干机温度为头窨110~115℃，二窨100~105℃，三窨95~100℃，温度逐窨降低，干燥后待窨的茶坯含水率逐窨提高，一般保持水分在4%~5.5%。干燥后的花茶，须及时降温，3~5 d后才能再窨或提花。

3.4.5.7　提花装箱

提花的茉莉鲜花品质要好，每100斤茶坯配花量7~8斤，提花要控制好含水率，不使花茶含水分过高。提花后筛出花渣，不再干燥直接封装或均堆后装箱。

3.4.6　几种主要花茶窨制技术

目前，茉莉花茶在花茶品类中仍然占比最高，其窨制基本采用传统窨制技术，其他花茶窨制工艺、方法基本与茉莉花茶相同，技术参数有所不同，鲜花处理相对简单，不需要采用茉莉花复杂的"养花"措施。花茶窨制基本技术要求已在前面介绍，下面就几种主要花茶窨制的关键技术要点作说明。

3.4.6.1　茉莉花茶窨制技术要点

首窨茶坯复火后的含水量应控制在4%~5%，其中中高级茶坯掌握在4.0%~4.5%，低级茶坯含水量掌握在4%~5%，复火待二、三、四窨的为4.5%~6.5%，逐窨提高，待提花的一般不超过7%。在防止受潮的情况下，须冷却至适宜温度，根据季节，一般下降至30~40℃。

茉莉花要先经过养护，促使其开放，然后再进行筛花和窨花（图3-11）。茉莉花开放的适宜温度为35~37℃，养护时，要根据此温度进行堆集、分摊、复堆等操作，促进茉莉鲜花成熟度一致。在开放率达60%时，可进行筛花，筛去青蕾、花蒂或杂质。再进行摊晾、摊放，在80%以上开放，开放度达90°时，应及时付窨。

图3-11　茉莉花养护摊晾（左）、筛花（中）与窨花（右）

各等级窨次与配花量可参考《茉莉花茶加工技术规范》（GB/T 34779—2017）附录B，茉莉花茶窨后湿坯含水率及提花量计算方法可参考《茉莉花茶加工技术规范》（GB/T 34779—2017）附录C。由于茶坯形状、质量不同，鲜花质量及产品品质要求不同，各级茉莉花茶的总用花量及各窨次配花量在各生产企业之间有较大差异。目前，金华地区的茉莉花茶首窨配花量为50~100kg/100kg茶坯，提花5~7kg/100kg。

茶花拌和后进行平铺堆窨时，堆高一般在20~30cm，通花时将窨堆向两边翻开以降温。箱窨花茶，通花时需将拌花茶坯倒出放在竹匾上摊凉，厚度3~5cm。首窨时的通花温度应不超过50℃，随后各窨通花温度逐窨降低，茶坯等级越高，通花温度越低。一般来说，首窨湿坯干燥温度控制在90~100℃，二窨温度控制在85~90℃，三窨及以上温度控制在85℃。为了追求香气的鲜灵度，在实际生产中有时会采用更低的温度进行干燥。在窨制完成后，商品花茶中还会拌入茉莉花干，制成含花的茉莉花茶（图3-12）。

3.4.6.2　白兰花茶窨制技术要点

白兰花采收时间长，季节不同，鲜花品质不同，直接影响窨制技术。

如冬季晴天采收的白兰鲜花,因气温较低,不需要摊晾,甚至要保暖防冻;茶坯处理后,坯温冷却要高于室温5~8℃为好;冬季花香较淡,配花量可适当增加。

图3-12 茉莉龙井含花(左)与不含花(右)

根据需要白兰花可采用整朵窨、折瓣窨、扎碎窨,整朵窨茶花拌和均匀性差,鲜花利用率低,香气浓度较差,扎碎窨香浓,但花和茶须充分拌和均匀,否则,花瓣集中在一起易发霉,使香气不纯。白兰花适宜的吐香温度为30~38℃。

白兰花香气浓郁,配花量较少,一般采用单窨次,不通花、不起花、不复火,窨花后即可匀堆装箱。

白兰花静置窨花见图3-13。

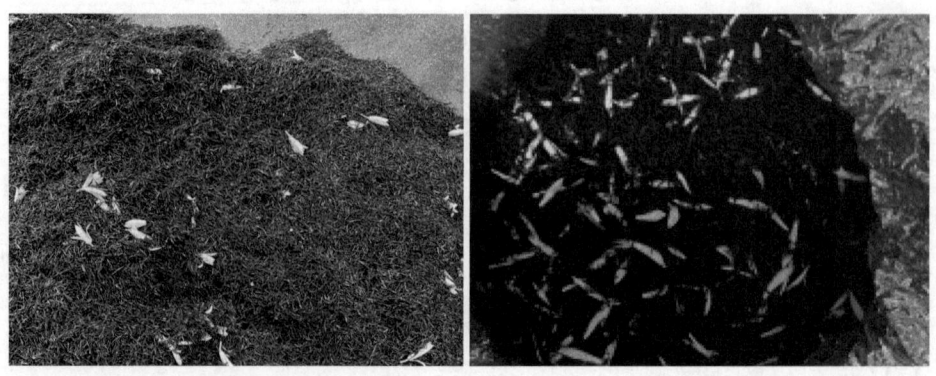

图3-13 白兰花茶窨制堆窨(左)与箱窨(右)

3.4.6.3 珠兰花茶窨制技术要点

珠兰花进厂需即将花枝拆散(俗称"打花边"),剔去较长的枝梗和夹杂物，留下嫩枝，及时薄摊，如进厂时花已萎缩，还要先喷少量水使其恢复生机，再"打花边"，在鲜花处理过程中要防花粒脱落。

茶坯处理后要冷透，最好接近室温，珠兰适宜吐香温度为35~40℃，要掌握好窨花时的坯温，否则珠兰花粒发黑，影响吐香。

珠兰花茶的配花量为5%~15%，窨制时间24~36h，如果气温低，一般不进行通花，带花干燥，烘干机进风温度控制在90~100℃。珠兰花静置窨花及商品茶见图3-14。

图3-14 珠兰花茶

3.4.6.4 桂花茶窨制技术要点

茶坯或湿坯干燥后需完全冷透才能窨花。至少要隔一周，以避免坯温过高导致桂花香气沉闷，色泽发乌变黑。

桂花一般在早上有露水时采收，此时表面水分较多。鲜花处理要防止发热和变色。待表面水分散发后先筛花，再除去枝梗、树叶和其他杂质。

桂花茶配花量一般控制在5%~15%，窨制时间控制在8~12h。堆温应控制在35~40℃，如果堆温太高，桂花易发黑，太低则香气淡薄。当堆温上升到40℃时或窨制时间超过6h，应及时通花或翻动散热。一般筛花后干燥，不易筛花的可带花干燥，但干燥后最好筛除桂花，否则茶味带苦涩。不过，多数商品茶会保留桂花或窨后拌入桂花干以满足消费需要（图3-15）。传统干燥，烘干机进风温度一般控制在90~100℃。实际生产中，大多采用低温干燥，烘温控制在60~80℃，也有个别生产者根据需求采用高温干燥。

3.4.6.5 玳玳花茶窨制技术要点

玳玳花可整朵窨或拆瓣窨，也可切碎窨。整朵付窨时，不香的未开放花必须在窨花前进行宽轧，使花瓣破裂即"破头"。

玳玳花的适宜吐香温度为50~60℃。一般茶坯干燥下烘后即可拌花，冷坯窨花的，茶花拌和后即上烘干机加温，待烘干机出口处的茶花温度达到60~80℃时，即下烘静置窨花，堆高控制在50~90 cm。在窨制过程中，温度会先下降，随后再升高至60℃时，需要通花，通花后续窨堆高调整为40~50 cm。一般配花量30%~50%，窨制时间15~24 h，带花干燥，中途起花，烘干机温度控制在85~100℃。

提花不需要热窨，一般茶坯复火后，自然冷却1 d左右，即可拌和窨花，中间也不必通花。带花玳玳花茶见图3-16。

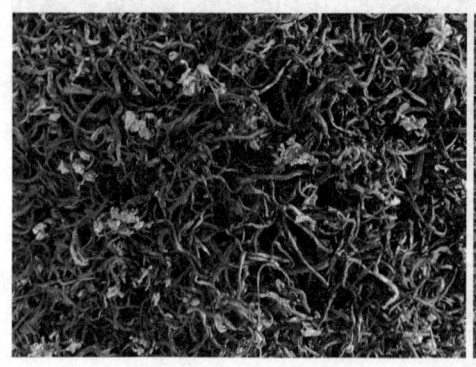 

图3-15　桂花红茶　　　　　　　图3-16　玳玳花茶

3.4.6.6 栀子花茶窨制技术要点

栀子花可采用整朵窨、折瓣窨和切碎窨，以折瓣窨为好。切碎窨要随切随窨，窨花过程中要防闷味。带花栀子花茶见图3-17。

3.4.6.7 柚子花茶窨制技术要点

柚子花香度较高，且香味渗透性较强，除在茉莉花茶窨制中用作"打底"外，还单独窨制柚子花茶，一般只窨一次。柚子花以大蕾花期花香最好，花苞不香，进厂后的柚子花要在25℃左右的环境下堆放，促期开放，未开放的花苞需剔除。柚子花可整朵窨，也可折瓣窨。干燥后的茶坯须降温至21~25℃（不超30℃）才可窨花，堆温上升至37~38℃时进行通花，窨制时间约10 h。带花柚子花茶见图3-18。

3.4.6.8 玫瑰花茶窨制技术要点

玫瑰花通常采用拆瓣的方式进行窨花，即摘去花蒂、花萼和花蕊。

茶坯干燥后对坯温要求并不是很高，下烘后稍摊凉即可拌花窨制，在较高温度下，玫瑰花瓣更有利于形成浓郁的甜香。

窨制完成后，带花烘干，边烘边出。提花不通花，不再干燥，玫瑰花瓣留在茶坯中（图3-19）。

图3-17　栀子龙井（左）与栀子红茶（右）

图3-18　柚子花茶　　　　　　　图3-19　玫瑰花茶

3.5　创新花茶窨制技术

随着生活水平的提升，年轻消费群体的加入，多样化、时尚化、新颖化的产品成为花茶生产的目标之一。创新窨制也成为花茶生产者的研究对象,除较早提出的茉莉花茶增湿连窨、隔离窨制,以及四川特有的炒花茶加工以外,生产中创新窨花不断出现。

3.5.1 低温封闭式冷藏窨花技术

随着中高端花茶市场行情趋好,生产上用细嫩高级茶坯窨花越来越普遍,这样的茶坯本身自带该茶类该级别特有的品质特征,如高级细嫩绿茶会有嫩香、清香、栗香及花香等香气,滋味较鲜爽甘醇。如果用传统花茶方法窨制,很难保留原高级茶坯的品质特征。我们以东白春芽为茶坯,采用同样的配花量,在常温、控温环境下,通过结合堆高控制堆温窨制茉莉花茶,测得不同环境下的最高堆温44℃、38℃、30℃、15℃,窨制时间根据茶坯回软,鲜花萎蔫来掌握。审评结果显示,温度越低,色泽越好,香气越淡,但香型越接近自然花香,原茶坯自带的茶香越明显。实际生产中发现,低温窨花,茶叶在吸收鲜花水分的同时,也吸收花的香气,通过水分交换吸收的香气,香型更自然,茶香中融入花香,更深入和透彻。

湖州茶源科技有限公司是一家以生产紫笋茶为主的企业,又是一家专注高端花茶研制生产的企业,近年来,用低温封闭式窨花技术生产的花茶系列产品一直是市场热销产品,深受国内外消费者喜爱。下面介绍其采用的0~5℃低温封闭式冷藏窨花技术。

(1)对茶坯进行干燥处理,含水率掌握在4.0%~4.2%。

(2)将处理好的茶坯及鲜花按配比进行充分拌和,装入30斤容量的带盖食品箱的一半,然后盖上盖密封。经试验,箱内留有的空气在低温下能满足鲜花呼吸所需氧气。

(3)将箱子放入0~5℃的冷藏库。一般窨制56h左右或者在茶叶发软且鲜花萎凋后起花(图3-20),其间提箱抖动一次。起花后薄摊,用60℃低温烘40min,

图3-20 准备起花的蜡梅花茶

静置冷却到室温后进行第二次窨花，窨制次数按客户需要增加。最后一次窨花干燥时间为1h，干燥后含水率在4%左右。

（4）用少量鲜花提花，一般提花24h起花，有的花可不起花，如桂花。起花后装箱（袋），箱中可放少量干燥剂吸湿，提升口感和香气。

用传统方法和该技术分别以当地迎霜种绿茶窨制茉莉花茶，鸠坑种红茶窨制桂花、蜡梅花茶，鸠坑种绿茶、白叶一号绿茶窨制蜡梅花茶，并对窨制产品进行感官品质评价。各窨次每100kg配花量（表3-3）及品质评价（表3-4）结果显示，低温窨花用花量可减少一半以上，在色泽、汤色、香气、滋味等品质上明显优于传统窨制，低温窨花外形和叶底色泽更鲜亮，汤色更明亮，滋味上更鲜醇，香气更鲜灵且更具有层次感，品质稳定性好。

表3-3　传统窨花与低温窨花各窨次配花量比较

窨次	传统窨花配花量/kg					低温窨花配花量/kg				
	茉莉绿茶	桂花红茶	蜡梅绿茶（鸠坑种）	蜡梅绿茶（白叶一号）	蜡梅红茶（鸠坑种）	茉莉绿茶	桂花红茶	蜡梅绿茶（鸠坑种）	蜡梅绿茶（白叶一号）	蜡梅红茶（鸠坑种）
头窨	35	20	25	20	22	22	8	10	8	10
二窨	30	15	18	12	16	16	5	8	6	7
三窨	25		12	8	10	10		5	4	5
四窨	20		8		8			3		4
提花	10	5	5	4	4	4	2	2	2	2
总配花量	120	40	68	44	60	52	15	28	20	28

表3-4　传统窨花和低温窨花产品品质评价

产品	传统窨花					低温窨花				
	外形	汤色	香气	滋味	叶底	外形	汤色	香气	滋味	叶底
茉莉绿茶	细紧嫩度好，条索紧，色泽深绿稍暗，含有少量锋苗或白毫	黄绿	一嗅花香尚可，二嗅微，三嗅几乎尽，略带水闷味	平和略淡，略有滞感	绿色，显芽	细紧嫩度好，条索紧，外表绿，光润，含有少量锋苗或白毫	淡绿明亮透澈	鲜灵，花香鲜且而幽。香气持久	鲜醇	嫩绿柔软显芽
桂花红茶	外形紧细带毫尚乌润	橙红	一嗅花香可，二嗅尚微，三嗅微	醇和	红，柔软多芽	外形紧细带毫色泽乌润	橙红明亮	花香馥郁持久，带甜香	醇厚甘甜，蜜韵显	红亮，柔软多芽
蜡梅绿茶（鸠坑种）	色泽绿稍暗芽形饱满	淡绿	一嗅花香显，二嗅微，三嗅几乎尽	鲜爽，带涩	绿多芽	色泽嫩绿芽形饱满	淡绿明亮透澈	花香幽雅持久	鲜醇，回甘生津	嫩绿柔软多芽明亮

(续表)

产品	传统窨花					低温窨花				
	外形	汤色	香气	滋味	叶底	外形	汤色	香气	滋味	叶底
蜡梅绿茶（白叶一号）	色泽绿一芽一叶匀齐	淡绿	一嗅花香显，二嗅微，三嗅尽	鲜爽，带涩	绿匀齐	色泽翠绿一芽一叶匀齐	淡绿明亮透澈	花香幽雅持久	鲜爽回甘	嫩绿匀齐
蜡梅红茶（鸠坑种）	外形紧细带毫尚乌润	橙红	一嗅花香尚可，二嗅微，三嗅微尽	醇爽	红，柔软多芽	外形紧细带毫色泽乌润	橙红明亮	花香持久	醇厚甘甜	红亮，柔软多芽

3.5.2 两种干燥方式结合的窨花技术

花茶生产中每窨次结束都要对湿茶坯进行干燥，干燥过程中会造成大量香气的挥发损失，从而降低鲜花利用率和增加生产成本，而挥发的低沸点香气鲜灵度较高，为提高花茶的鲜灵度，生产中进行了多种探索，如提花、低温干燥。桂花龙井是杭州市传统名茶，传统窨制技艺独特，即将鲜桂花和龙井按比例拌和均匀，放一层茶（茶花混合）到底层放有用白布袋或纸包扎的大石灰包的陶缸里，再在茶上放一层用纸包扎的若干小石灰包，然后再一层茶一层石灰包，盖盖进行窨制，因配花量较少，一般5%左右，不需要通花，一周后即为商品茶。这样加工的桂花龙井能较好地保持干茶色泽，既有浓郁爽口的茶味，又有鲜灵芬芳的花香，但不利于规模化生产，香气浓度与持久性略显不足。经过试验研究，认为两种干燥方式结合的窨花技术能较好地解决花茶浓度和鲜灵度，即传统适当高温烘干提高浓度与吸湿剂干燥提高鲜灵度，在实际生产中结合两种干燥方式窨花的技术得到不断提升。

杭州贾氏茶叶有限公司自2018年开始试制花茶，现有桂花、茉莉花、玉兰、玫瑰、栀子花、玳玳花、蜡梅等系列九曲红梅茶（图3-21），其中桂花九曲红梅茶年产上万斤。现介绍该公司一款烘箱与石灰结合干燥窨制桂花九曲红梅茶的窨花技术，其工艺流程见图3-22。

（1）茶坯处理：九曲红梅茶（春茶）经筛分精制，而后再经热处理，温度为75~85℃，含水量控制在5.5%~6.5%，干燥结束后及时冷却至常温；筛分后常温密封贮藏15 d以上进行退火处理。

（2）手工采摘的鲜桂花过筛，去除杂质，包括树叶、花蒂和花柄等。

第 3 章 花茶窨制技术

图3-21 系列花茶窨制

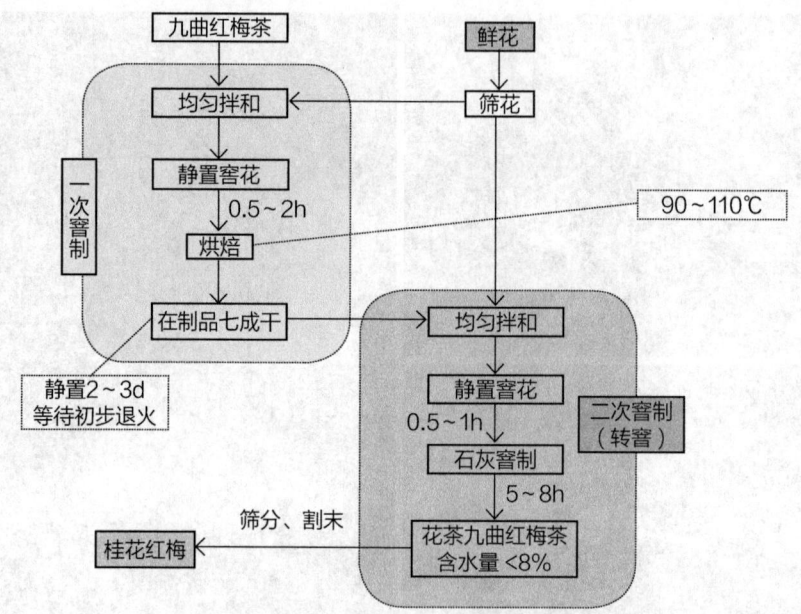

图3-22　桂花九曲红梅茶窨制工艺流程

（3）将处理好的鲜桂花及茶坯，按配比进行充分拌和，用透气性的布包裹静置窨花，一般静置0.5~2h，当手摸堆心发热，即可干燥。

（4）用烘箱对茶叶进行干燥，温度控制在90~110℃，时间8~10min，烘至花茶七成干（含水量10%~12%）。

（5）待在制品冷却至常温后，装箱初步退火2~3d，待用。

（6）鲜桂花采摘，去除对茶品质有影响的杂质，包括树叶、花蒂和花柄等。

（7）将处理好的鲜桂花及茶坯，按配比进行充分拌和，用透气性的布包裹静置窨花，一般静置0.5~1h后即放入石灰槽进行干燥。

（8）干燥时间一般5~8h，待茶叶含水率低于8%时，即制作完成。

（9）窨制好的桂花红茶，经过筛分处理，再拼配匀堆，装箱密封储藏。

用此方法制作的桂花红茶，汤色红艳明亮，花香、汤香馥郁。

3.5.3　双花窨花技术

白兰花"打底"是茉莉花茶窨制过程中特有的工序，"打底"的目的是增加茉莉花茶香气浓度,但不能透露出白兰花香。双花窨制目的是增加香型的丰富性,强调的是两种鲜花香气的协调性,追求的是复合香,可以以一种鲜花为主香,另一种鲜花为辅助香,也可以只求协调,不分主次。

浙江婺洲茶业有限公司是一家专注花茶生产加工30余年的国家高新技术企业,"浓茶香"牌花茶产品多次获得浙江绿茶博览会金奖,国际名茶评比金奖,荣获中国茶叶博物馆收藏证。为追求丰富的香型,公司开展了多种双花窨制试验,认为"茉莉+桂花""桂花+蜡梅"双花窨花香型较为协调,下面对婺洲茶业研发的"桂茉双沁"(图3-23)产品窨花技术进行介绍。

该产品以高山云雾绿茶为茶坯,公司种植的茉莉花和金华产桂花为鲜花原料,采用传统堆窨方式常温窨制。经过三次茉莉和二次桂花窨花,达到一种全新的香型,层次丰富,前调是香甜的果香,中调茉莉香,尾调又是茉莉桂花复合香。

图3-23 桂茉双沁

(1)茶坯进行干燥处理,采用链板烘干机(下同),温度90~110℃,下烘后含水率为4%~5%,摊凉冷却后备用。茉莉花选用下午采收、成熟饱满的花蕾,按金华地区传统养护方式进行养护处理。

(2)按茶与茉莉花2∶1的配制比例,一层茶一层花,快速混合均匀,最后在窨堆的堆面上均匀撒上一层0.5~1cm厚的茶坯,窨堆高约30cm,静置,让茶叶充分吸收新鲜茉莉花的香气。约经7h,堆温上升到40℃时,需耙开茶堆,散热、补氧,厚度10cm左右,散热时间约0.5h,通花应快速、通透、通匀,应避免堆温过高,茉莉花过早萎蔫,失去生机,降低鲜花利用率,影响花茶品质。通花散热后,当堆温接近室温时,即收堆续窨。整个窨花历时13~15h,其间需通花1次,待水灵的茉莉

花呈萎凋状，色泽由白转微黄，鲜花香气变弱，即可起花，迅速将花渣筛出。

（3）窨花后的湿坯含水率为16%~18%，不可闷堆，需及时干燥，温度90~100℃，下烘后含水率约为5.5%，比原茶坯高0.5%~1%，这样，有利于避免香气过多损失，烘焙后茶叶应摊凉，自然冷却至接近室温，等待二窨。二窨整个窨花历时13~14h，其间需通花1次，窨花后湿坯含水率15%~16%，烘焙温度85~90℃，下烘后含水率约为6%。三窨整个窨花历时12h，窨花后湿坯含水率13%~14%，烘焙温度85℃，下烘后含水率约为6.5%。匀堆装箱后待窨。

（4）鲜桂花经处理，按茉莉花茶和桂花2:1的配置比例快速混合均匀，窨堆高20~25cm，约经7h，堆温上升到35℃时，需耙开茶堆，散热、补氧，厚度10cm左右，散热时间约0.5h，当堆温接近室温时，即收堆续窨。整个窨花历时12h，起花后干燥，温度90℃，下烘后含水率约为7%，自然冷却至接近室温，重复进行二次窨花，二窨历时10~11h，最终含水率掌握在7.5%。

3.6 浙江花茶加工实例

为了便于对浙江花茶的全面了解，本书收集了具有代表性的浙江花茶生产实例，供参考。以下为实例目录。

（1）西湖牌桂花龙井（杭州上城区）

（2）御井香桂花龙井（杭州西湖区）

（3）三和萃桂花龙井茶（杭州西湖区）

（4）青片儿牌桂花红茶（杭州西湖区）

（5）顶峰茶号桂花茶（杭州西湖区）

（6）萧富牌桂花红茶（杭州萧山区）

（7）三清飘香牌桂花红韵（杭州萧山区）

（8）桂花龙井（宁波海曙区）

（9）龙王山茉莉花茶（湖州安吉县）

（10）钱坑桥牌花茶（湖州安吉县）

(11) 茉莉白茶（湖州安吉县）

(12) 嵊域牌桂花红茶（绍兴嵊州市）

(13) 寒香半亩牌桂花红茶（绍兴嵊州市）

(14) 浓茶香牌茉莉毛峰（金华兰溪市）

(15) 浓茶香牌栀子绿茶（金华兰溪市）

(16) 更香茉莉花茶（金华武义县）

(17) 汤记花茶（金华武义县）

(18) 浙星桂花红茶（金华武义县）

(19) 熟水桂花红茶（金华武义县）

(20) 东坪牌金华茉莉花茶（金华浦江县）

(21) 茉莉龙井花茶（金华磐安县）

(22) 龙盘玉叶牌花茶（金华东阳市）

(23) 木禾花茶（金华东阳市）

(24) 桂花茶（金华义乌市）

(25) 桂花冷山美人（衢州衢江区）

(26) 常山银毫凰岗茶（胡柚花香红茶）（衢州常山县）

(27) 元峰牌茉莉小毛峰（衢州开化县）

(28) 栀子花红茶（衢州开化县）

(29) 芹江牌花茶（衢州开化县）

(30) 桂花红茶（衢州开化县）

(31) 善树牌桂花红茶（台州三门县）

3.6.1 西湖牌桂花龙井

为了进一步拓展龙井茶的产品品类，杭州茶厂有限公司自2016年开始探索制作桂花龙井茶。借鉴茉莉花茶窨制方法，探索了一种适合的制作方法，即生石灰干燥窨制法。

以手工采摘的金、银桂和中低档龙井茶为原料，制作成桂花龙井茶，可提高中低档龙井茶附加值。加工工艺：茶坯复火干燥后，按茶花比5∶1拌合，控制堆温在40℃以下，静置3～4h。装箱，一层茶叶，一层石灰（石灰用布袋加透气无味的棉纸双层提前包裹住），厚度控制在5cm

以下，也不要太薄，要完全覆盖住石灰，3~4cm为最佳。放入冷库（温度8~10℃）。静置8~10h，取出石灰，拌匀同时散热，待冷却后，再次装箱，继续干燥，静置24h后，取出石灰。进行第二次窨花，第二次窨花茶花比仍然是5:1，步骤同第一次。茶叶干燥后，水分在4%~5%时，筛去花干，茶末，进行提花，茶花比50:1，选用最好的金桂，茶花拌合后，同窨制一样，一层茶叶一层石灰，厚度控制在2~3cm，快速干燥，保持桂花色泽的同时，提高桂花龙井香气的鲜爽度。提花的桂花保留在茶叶中，不再筛除。制成的桂花龙井（图3-24）既有甘爽醇香的龙井茶味，又有鲜灵芬芳的桂花香气，深受消费者喜爱。（谢同花）

图3-24 桂花龙井

3.6.2 御井香桂花龙井

杭州御井茶文化研究发展有限公司生产系列花茶，其中桂花龙井制作技艺世代相传，一直延续至今，该制作技艺的传承人郑小平被列入第六批杭州市非物质文化遗产项目代表性名录。

桂花龙井制作工艺独特，选用杭州市花桂花与西湖龙井茶，通过特殊的窨制工艺制作而成（部分工序见图3-25）。具体过程为：选用10年以上树龄的银桂，采集5:00—7:00带着露水、厚实且成熟的花朵，阴干后，银桂不变色。按照50kg茶叶混合7.5kg鲜花的比例，进行搅拌均匀，用桃花纸包好，放到陶缸里，先放一层用桃花纸包扎的石灰包，然后一层茶包一层石灰包平整均匀叠好，进行窨制，间隔4~5h待温度达到60℃左右，需通花散热，把茶包上下翻动一次，等温度下降到30℃左右进行二次窨制。十几个小时后打开，将石灰包取出。桂花与龙井通过窨制相互融合，桂花的芳香在水汽的裹挟下缓缓进入茶叶，使得香味更持久，花黄茶绿。品饮桂花龙井茶，既有浓郁爽口的茶味，又有鲜灵芬芳的花香。（郑小平）

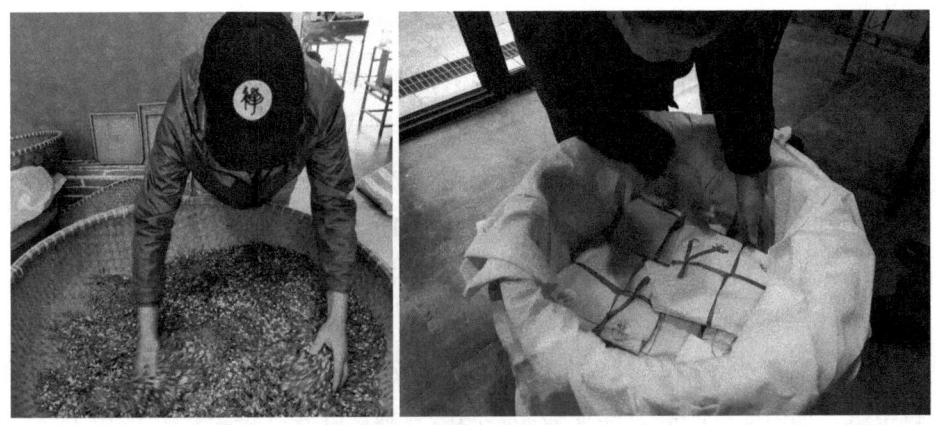

图3-25 茶花拌和（左）与装缸窨制（右）

3.6.3 三和萃桂花龙井茶

三和萃桂花龙井茶于2012年秋季开始研制，经过多年的实践，逐渐形成了一套独特的三和萃桂花龙井茶制作工艺：材料准备（茶坯复火和鲜桂花处理）→第一次窨制（茶花拌和，100斤茶加8斤花，放置2~4h，生石灰干燥24h，茶与生石灰比例为1:2，中途通风散热2~3次，花干筛除）→第二次窨制（加花8斤，流程同上）→第三次窨制（加花6斤，保留花干，其他流程同上）→整理装箱。

三和萃桂花龙井茶（图3-26）既保留了春天龙井的滋味，又增添了秋季桂花的香甜，两者完美的融合，使茶香更馥郁、茶汤更醇厚。（石碧鹏）

图3-26 鲜桂花处理（左）与桂花龙井（右）

3.6.4 青片儿牌桂花红茶

杭州渤兰湾茶业有限公司于2021年开始探索花茶生产，现有产品有桂花红茶、桂花龙井、茉莉花红茶、茉莉花龙井及玫瑰红茶（图3-27左）。

桂花红茶加工选用新鲜现摘的以半开放为主的金桂花为花坯。茶坯水分控制在3.5%~5.0%。按茶坯∶鲜花 = 10∶3的比例进行拌和（图3-27右），窨制8~12h，窨堆堆高20~30cm，中间需通花1~3次。80~90℃烘干，摊叶厚度为5~10cm，水分宜控制6.0%~8.0%。转窨配花量较前窨相同或依次减少，转窨次数根据产品需求选择。产品外形细紧稍卷，乌润有金毫，汤色橙红明亮，桂花香显，滋味甘爽，叶底红亮匀齐。（高伦成）

图3-27 玫瑰红茶（左）与桂花红茶加工之拌和（右）

3.6.5 顶峰茶号桂花茶

杭州顶峰茶业有限公司自2010年开始研发顶峰茶号桂花红茶（图3-28）与桂花龙井的生产工艺。选用杭州当地九曲红梅、精制明前特级西湖龙井及丹桂为原料，一般茶花比10∶1，窨制三次，具体配花量及窨次根据产品需求调整。在窨制前，茶坯水分控制在5.0%以下，窨制10h，保留桂花，成品茶水分控制在5%以内。

桂花九曲红梅品质特点：外形色泽乌润，条索纤细；汤色红艳，桂花香显，梅花香浓，滋味纯正；叶底肥嫩柔软，叶片匀整。

桂花龙井品质特点：外形扁平挺秀，色泽嫩绿；香味馥郁持久，沁人心脾；茶汤回甘持久，清澈明亮；叶底细嫩匀整。（杨宇宙）

图 3-28 顶峰茶号桂花九曲红梅

3.6.6 萧富牌桂花红茶

杭州萧富农业开发有限公司成立于 2015 年，2020 年开始探索桂花红茶生产工艺。

加工工艺：选用当年群体种原料制作的红茶为茶坯，采取新鲜金桂花。桂花需较成熟、初绽放、似爪形、香气馥郁。先将桂花摘取，筛分净，略微摊放，使其略失水分。红茶茶坯进提香机，以 70℃的设置，进行提香干燥，时间约 30 min 使茶坯拥有更好的吸附性。茶坯冷却后，按花与茶比例为 0.12∶1 的设置，进行茶花拌和，要做到先按一层花一层茶的步骤摊放，后再进行轻微搅拌，注意要茶花均匀，手势轻微。拌和后放入铝箔袋内进行窨制，一般以 24 h 左右为佳，然后进行粗略的筛分与挑拣，主要目的是剔除桂花梗与色泽不一致的桂花。随后进烘箱进行烘干步骤，设置温度为 60℃，时间一般在 2.5 h 左右。

品质特点：外形茶花分明，鲜花干色泽金黄透亮，桂花香显，汤色橙黄明亮，滋味鲜爽，回甘显，叶底茶花分明，较匀齐（图 3-29）。（倪立

权　蒋柄芳）

图3-29　萧富牌桂花红茶

3.6.7　三清飘香牌桂花红韵

三清飘香牌桂花红韵（图3-30）产于萧山区戴村镇，由杭州萧山九清农业开发有限公司于2016年创新研制生产出品。三清飘香牌桂花红韵选用清明时节的优质高山群体种工夫红茶为茶坯，秋天全手工采摘的新鲜金桂为窨制花材。按茶坯∶鲜桂花＝5∶1的比例进行拌和，窨制3h左右后，将金桂剔除，60℃烘箱烘制30min，回潮8h以上再进行二次窨花，按茶坯∶鲜桂花＝10∶1的比例拌合，窨制2h左右，保留鲜桂花，60℃烘箱烘制足干即可。此桂花红韵以"红茶卷曲乌润，桂花金黄成朵，香气馥郁持久，茶汤橙红明亮，滋味鲜爽甘甜"见长，深受新老客户和专家好评。2021年入选省千万工程品鉴用茶；2022年获得萧山区首届优质红茶评比金奖、第四届杭州名茶评选杭州市红茶金奖产品称号；荣获第十、第十一届"浙茶杯"优质红茶评比银奖；荣获2023年浙江绿茶（兰州）博览会金奖。（陈巧红　蒋柄芳）

图3-30 三清飘香牌桂花红韵

3.6.8 桂花龙井

宁波市五龙潭茶业有限公司加工的桂花龙井（图3-31），选择当年迎霜良种做的清香龙井为茶坯，选择龙观乡的丹桂作为窨花材料进行窨制，鲜花以半开放为主。采用茶坯∶鲜花=5∶1的比例进行拌和，时间3h，将桂花剔除，70℃烘30min，回潮10h，进行第二次窨花，茶坯∶鲜花=10∶1的比例拌和，时间6~8h，保留桂花，70℃烘干，水分控制在5%以内。（吴颖）

图3-31 桂花龙井

3.6.9 龙王山茉莉花茶

安吉龙王山茶叶开发有限公司成立于20世纪90年代初期，是湖州市重点农业龙头企业。公司主营"龙王山"牌安吉白茶，自2014年起，公司开始探索茉莉花安吉白茶生产加工工艺（图3-32）。

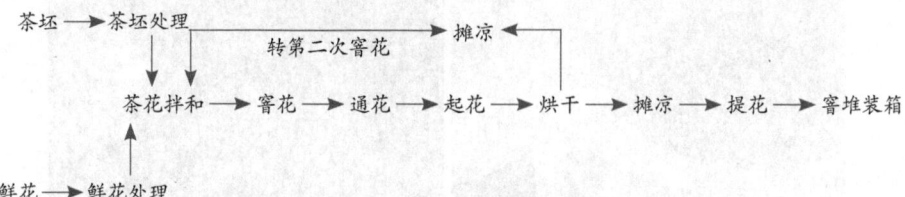

图3-32 龙王山茉莉花安吉白茶加工工艺

在窨制茉莉花安吉白茶时，公司选用当地安吉白茶作为窨花原料。窨花前，茶坯需先经过精制分级干燥处理，烘焙温度控制在100~110℃，使水分含量达到4%~4.5%，烘焙后及时摊晾冷却，方可窨制。

鲜花以半开放为主，可用白兰鲜花打底（摘瓣或整朵付窨），将茶坯和鲜花分层相间摊放并快速均匀拌和。茶坯与鲜花比例，一窨茶花比为1:1，二窨茶花比为1:0.8，茶花拌和后窨制历时10~12h，花已呈萎凋状，色泽由白转微黄，鲜花香气微弱即可起花。烘焙工序应快速，以减少花香散失。烘干温度90℃，含水率控制在7%以内匀堆装箱。部分加工过程见图3-33。

图3-33 龙王山茉莉花安吉白茶加工

产品特点：花香馥郁怡人，幽雅而清馨，浓郁而不浊，鲜灵而芬芳；茶汤色明澈透亮，入口鲜爽甘醇，层次丰富。茶香与花香、品质与品味完

美融合。流通商品茶见图3-34。（潘珏）

图3-34 龙王山茉莉花茶

3.6.10 钱坑桥牌花茶

浙江安吉玉尔茶文化有限公司自2016年开始研发各类花茶，目前已开发有茉莉花茶、桂花红茶、墨红玫瑰红茶、枇杷花红茶、栀子花香红等产品。花茶原料选用安吉当地'白叶1号'茶树加工而成的安吉白茶和红茶，并经精制分级干燥处理。

茉莉花茶加工及品质特点：茶坯经复火干燥，温度100~105℃，含水率5%~5.5%，茶花配比一窨为1:1.2，二窨为1:1，选用横县茉莉花，窨制时间10~12h，干燥温度90℃，含水率控制在6%以内。产品特点：茉莉花香而不腻，鲜灵持久、鲜活有灵、冲泡后茶汤鲜醇爽口，花香扑鼻，汤色黄绿明亮，茶叶叶底嫩绿，茉莉花雪白成朵。

桂花红茶加工及品质特点：茶坯经干燥，水分控制在3.5%~5.0%。按茶坯:鲜花=10:3的比例进行拌和，窨制8~12h，窨堆堆高20~30cm，通花3~4次，筛花后80~90℃烘干，摊叶厚度为5~10cm，控制水分6.0%~8.0%。窨次根据产品需求选择，各窨配花量较前窨相同或依次减少。产品特点：外形条索肥壮，乌润，汤色橙红明亮，桂花香显，滋味甘爽，叶底红亮匀齐，见图3-35左。

墨红玫瑰红茶加工及品质特点：按茶花比10:4拌和，窨制10~15h，窨堆堆高15~20cm，通花3~4次。湿坯干燥温度80~90℃，摊叶厚度5~10cm，控制水分在6.0%~8.0%。产品特点：茶叶条索紧结壮实，色泽乌润；玫瑰花瓣微缩，香气淡雅，颜色暗红，冲泡茶汤甜润顺滑，滋味甜醇，汤色橙红清透，玫瑰花香丰盈淡雅。

枇杷花红茶加工及品质特点：按茶花比10∶3拌和，窨制15~18h，窨堆堆高15~20cm，通花4~5次。湿坯干燥温度60~70℃，摊叶厚度5~10cm，控制水分在6.0%~8.0%。产品特点：乌褐紧结，条索肥壮，甘醇顺滑，细腻柔和，汤色橙红明亮，呈琥珀色，轻盈药香，清新怡人（图3-35右）。

栀子花香红茶加工工艺：栀子花摘瓣，按茶花比10∶5拌和，窨制15~20h，窨堆堆高15~20cm，通花4~5次。湿坯干燥温度70~80℃，摊叶厚度5~10cm，控制水分在6.0%~8.0%。产品特点：紧卷纤细，金毫显露，滋味醇厚，回味无穷，橙红明亮，呈琥珀色，妙香四溢，沁人心脾。（王志刚）

图3-35 玉尔桂花红茶（左）与枇杷花红茶（右）

3.6.11 蜡梅白茶

湖州茶源科技有限公司是一家专注于紫笋茶生产的企业，其顾渚问茶牌紫笋茶在中茶杯、中绿杯、世界茗茶评比等各级比赛中累计获得67次金奖。近年来，公司凭借低温封闭式窨花技术，成功开发以茉莉、蜡梅、桂花为花坯的花茶及调味茶系列产品，深受消费者喜爱，一直是市场上的热销产品。蜡梅白茶采用半开放蜡梅花和白茶为原料，窨制次数按客户需要而定，四窨一提蜡梅白茶的鲜花和茶坯比例为：头窨8%，二窨6%，三窨4%，四窨3%，提花2%。每次窨花时，对茶坯先进行干燥处理，含水率在4.0%~4.2%。茶花按比例拌和后装入带盖食品箱的一半，然后盖上盖密封。放入0~5℃的冷藏库。一般窨制56h左右或者在茶叶发软且鲜花萎凋后起花，用60℃低温烘40min，静置冷却到室温后进行再窨，最后一次窨花干燥时间1h，干燥后含水率4%左右。提花窨制24h起花。产品外形色泽鲜亮，汤色明亮，香气鲜灵，滋味鲜醇，香气层次感强。（张文华）

图3-36　蜡梅白茶

3.6.12　石壁精舍·桂霏之桂花红茶

嵊州石壁精舍茶业开发有限公司于2017年开始探索桂花茶（含桂花龙井、桂花红茶、桂花辉白）生产工艺。其中，桂霏之桂花红茶凭借其独特风味，深受消费者青睐。

产品（图3-37）选用嵊州本地高山优质老茶树红茶为茶坯，红茶含水量控制在5.0%以内。桂花采自拔选嵊州高山多年生金桂、银桂，花朵成熟、饱满，香气芬芳郁，鲜花以半开放为主。按茶坯∶鲜花=10∶3的比例进行窨制，一层茶叶一层桂花，均匀铺上5层，容堆堆高20cm，窨制6~8h。不筛除桂花，60~70℃烘干，摊叶厚度为5~10cm，水分含量控制在6.0%~8.0%。根据产品需求灵活选择窨制次数。烘干后，筛除原桂花，按茶∶脱水冻干桂花=10∶0.5拼配。

产品外形细紧卷曲，乌润有金毫，汤色橙红明亮，桂花香高，滋味甘爽，叶底红亮匀齐。（钱赛云）

 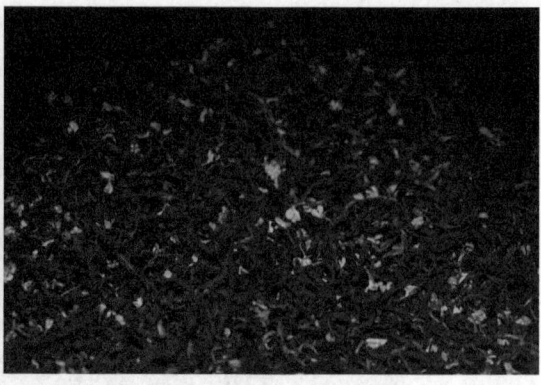

图3-37 桂花红茶窨制（左）与桂花红茶（右）

3.6.13 寒香半亩牌桂花红茶

寒香半亩牌桂花红茶由嵊州市玖伴家庭农场研制生产。深受全国各地茶友的一致好评。该产品先用白兰花打底，再采用传统桂花红茶窨制工艺。新鲜白兰花花苞，去除花蕾和叶梗，只留花瓣。将花瓣均匀拌入含水率在3%~5%的红茶茶坯中，茶坯和鲜花的比例为10∶1，窨制8~12h。窨堆的高度20~30cm，过程中需通花3~4次。窨制完成后，用80℃温度进行干燥，后将花瓣剔除，干茶水分含量控制在8%以下，密封装箱。待桂花开放季节，取金桂花苞进行转窨，转窨配花量比例为10∶2，见图3-38。一般用桂花转窨1~2次。具体根据客户需求而定。

寒香半亩牌桂花红茶外形细紧稍卷、乌润有金毫、汤色橙红明亮、桂香馥郁、层次感强、滋味鲜爽有回甘，叶底红亮匀齐。（汪新贵）

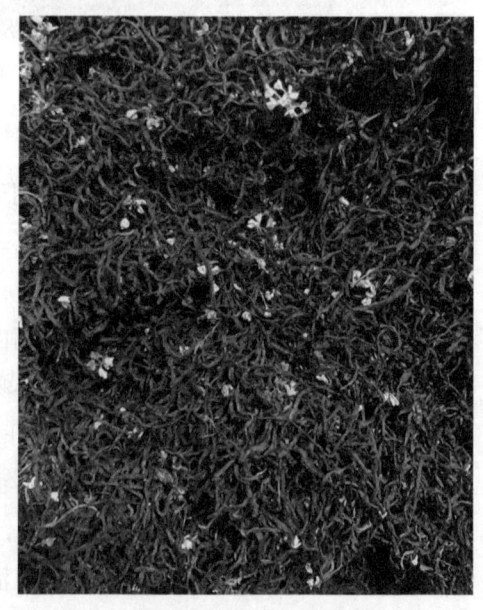

图3-38 桂花红茶窨制

3.6.14 浓茶香牌茉莉毛峰

浙江婺洲茶业有限公司拥有600亩茉莉花备案基地，是全国唯一经过商检备案的茉莉花出口基地，公司茉莉花基地每亩年产茉莉花达到2吨，花茶加工量2 600多吨。

公司选用当年春季采摘的'鸠坑''龙井43'良种制作的清香型烘青毛峰绿茶和兰溪市黄店镇茉莉花基地的优质茉莉花作为窨花原料。选用含苞欲放，外观饱满、肥壮洁白且能在当天晚上开放的茉莉花蕾，按茶坯与鲜花1∶1的比例进行拌和，并适量添加白兰花打底。静置窨制5~7h后，当堆温达到45℃左右时，需进行一次通花。整个窨制过程历时12~15h。最后将已窨制过的茶的花渣筛出，并在85℃下烘干。顶级茉莉花茶至少要窨制5次，每100kg茶坯所配净花量达到500kg。

该花茶（图3-39）的品质特征为：兰花型，汤色浅杏黄，香气馥郁，滋味清鲜，叶底嫩软。

获得荣誉：2016浙江绿茶（西宁）博览会名茶评比金奖；2018浙江绿茶（银川）博览会名茶评比金奖；2021中国茶叶博物馆优质茶样收藏；2023第十四届国际名茶评比金奖。（高晴）

图3-39　浓茶香牌茉莉毛峰

3.6.15 浓茶香牌栀子绿茶

浙江婺洲茶业有限公司生产的栀子绿茶（图3-40），香气宜人，冷泡或者热泡均可，受到了年轻人的青睐。

栀子绿茶选用明前高山云雾茶和兰溪市黄店镇的栀子鲜花作为窨花原

料。鲜花以开放为主,按茶坯与鲜花1∶1的比例进行拌和,经过7~10h窨制,需要进行通花。整个窨制历时14~17h,然后将栀子花剔除,70℃烘干30min,回潮10h,进行第二次窨花。再窨仍按茶坯与鲜花1∶1的比例拌和,窨制过程与首窨相同。顶级栀子绿茶至少要窨制4次,每100kg茶坯所配净花量达到400kg。最终剔除栀子花,70℃烘干至水分含量控制在5%以内。

图3-40 浓茶香牌栀子绿茶

该花茶的品质特征为:香气甜香,滋味醇和。

获得荣誉:2023浙江绿茶(兰州)博览会名茶评比金奖;2023第十四届国际名茶评比金奖。(高晴)

3.6.16 更香茉莉花茶

"更香"品牌的诞生与茉莉花茶有着深厚的渊源。早在1995年,更香公司董事长俞学文怀揣仅有的2 000元钱,带上几十斤家乡的茶叶,与妻子从老家浙江省武义县来到北京进行茶叶的经营。经过一年的摸索,他们发现北京人爱喝茉莉花茶,而市场上卖的茉莉花茶一般窨制一两次就装箱销售,这样的茉莉花茶只有表香,没有内香,冲泡出来味淡。俞学文想:如果能够做出"更香"的茶叶,老百姓们一定更爱喝。1997年,公司茉莉花茶在北京一经推出,花香浓郁而持久的品质一举赢得顾客的口碑,20多万斤优质茉莉花茶在北京市场一抢而空。至此,"更香"品牌应运而生。

更香茉莉花茶选用烘青曲形绿茶为茶坯和当天采摘成熟的茉莉花为原料,经鲜花处理、玉兰打底、茶花拌和、通花散热、茶花分离、烘干摊凉、续窨、烘提、匀堆装箱等工序。茶花配比为1∶1.5，头窨下花量1∶0.55，时间为14h，通花温度46℃，烘干温度130℃；二窨下花量1∶0.45，时间为10h，通花温度42℃，烘干温度120℃；三窨下花量1∶0.3，时间为8h，通花温度40℃，烘干温度100℃；四窨下花量1∶0.2，时间为6h，通花温度36℃，烘提温度80℃，成品水分8%。

品质特征为：干茶条形整洁、汤色黄亮、滋味纯正浓厚、香气持久鲜灵（图3-41）。

图3-41 "更香"茉莉花茶

荣誉：1997—2008年，连续多年获全国茉莉花茶生产交易会（广西横县）金奖；2011年3月，《一种花茶窨制方法》（ZL200810063114.5）获国家发明专利。（金国庆）

3.6.17 汤记花茶

武义县汤记高山茶业有限公司在花茶研发领域已有七八年的经验，其中桂花红茶生产历史已达7年。

桂花红茶选用当年安凤山区高山红茶和武义县境内的银桂作为窨花原料。鲜花以开放为主，按茶坯与鲜花4∶1的比例进行拌和，窨制5h，将桂花剔除，80℃烘50min，水分控制在7%以内。所窨桂花红茶桂花香气馥郁，滋味醇厚甘鲜，见图3-42。

栀子绿茶毛峰则选用当年安凤山区高山毛峰绿茶和武义县境内的银栀子拆瓣作为窨花原料。鲜花以开放为主，按茶坯与鲜花2∶1的比例进行拌和，窨制20h，将栀子花剔除，80℃烘50min，水分控制在7%以内。栀

子花香明显，滋味鲜爽有花香，见图3-42。（汤玉平）

图3-42　汤记桂花红茶加工（上）与栀子花茶加工（下）

3.6.18　浙星桂花红茶

浙江武义浙星农业开发有限公司生产的"浙星"牌桂花红茶自2020年开始加工，产量逐年递增。到2023年，公司桂花红茶的量已达1万多斤，且效益可观。

加工工艺：选用武义南部山区当年春季以'鸠坑'群体种为原料制作的红茶与当地的丹桂作为窨花原料。鲜花以半开放为主，按茶坯与鲜花5∶1的比例进行拌和，窨制3h，将桂花剔除，65℃烘40min，回潮12h，进行第二次窨花，按茶坯与鲜花15∶1的比例拌和，时间10h，保留桂花，80℃烘干，产品见图3-43。

图3-43 桂花红茶

品质特点：桂花香明显，滋味醇厚甘甜。（罗文文）

3.6.19 熟水桂花红茶

浙江武义熟水茶业有限公司选用武义高山'鸠坑'土茶和'春雨一号''春雨二号'制作的红茶，及武义茶园内种植的新鲜金桂和银桂作为窨花原料。每100 kg茶坯配花30 kg，堆高25厘米左右，窨制8~10 h，中间通花2~3次，窨制好后配1%~2%的鲜花提花。部分加工工序及产品见图3-44。

图3-44 桂花茶窨制（左）与桂花茶（右）

品质特征：桂花香馥郁，茶汤红艳明亮，滋味醇厚甘甜。（鲍王栋）

3.6.20 东坪牌金华茉莉花茶

东坪牌金华茉莉花茶（图3-45）由浦江县茶艺轩农产品开发有限公司研制，该花茶在三伏天节气生产，选用东坪牌颗粒状绿茶为茶坯，搭配金华市本土种植的茉莉鲜花作为窨花原料。茉莉鲜花采摘当天含苞欲放，外观饱满、肥壮洁白，能在当天晚上开放的花蕾。颗粒状茶坯与鲜花按2∶1的比例进行拌和，窨制12~15 h后将茉莉花剔除，重复窨花三次后，85℃烘干，水分控制在8.5%以内。

图3-45 东坪牌金华茉莉花茶

品质特征：金华茉莉花具有抗病、高产、优质等特质，花洁白油润，蜡质明显，花香浓烈，吐香持久，适用于茶叶的窨制。东坪牌绿茶是烘炒结合的颗粒型高山绿茶，具有色绿香郁味醇的特点。经过三次鲜花窨制后东坪牌茉莉花茶具有了鲜灵甜美的茉莉花香，且不失茶味，品质优异。

获得荣誉：获得2021年国际名茶评比金奖，入选2023年中国茶叶博物馆"中国好茶"收藏茶样。（石元锋）

3.6.21 茉莉龙井花茶

浙江省磐安县玉峰茶厂生产的茉莉龙井，选用金华市本地茉莉花和高山龙井茶为窨花原料，鲜花以半开放为主，按茶坯与鲜花2∶1的比例进行拌和，窨制10 h，将茉莉花剔除，70℃烘30 min，回潮10 h，进行第二次窨花，配花量相同，时间6~8 h，去除茉莉花，70℃烘干，反复窨制7次，成品含水率控制在5%以内。

这款龙井茉莉花茶既有龙井的浓醇厚，又有茉莉的馥郁芬芳，见图

3-46。(石红静)

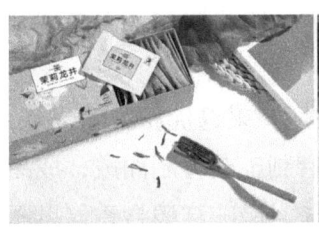

图3-46 茉莉龙井

3.6.22 龙盘玉叶牌花茶

东阳市龙盘玉叶农业开发有限公司自2018年开始试制花茶。

野枞桂花红茶选用荒野老树东阳'木禾'群体种及东阳优质饮用水源头水库边上百年银桂树为原料。采收含苞待放的银桂花蕾，鲜花先薄摊30 min，按鲜花15%的比例拌和窨制。窨制时间2~3 d，70℃左右炭焙40 h。重复二窨，最后50℃左右炭焙10 h。花与茶不分离。产品三分花香，七分茶香，花香幽香持久。汤色明亮，滋味醇厚，汤感润滑，回甘香甜，见图3-47左。

选用东阳'木禾'群体种冬季茶树上含苞待放及刚开放茶树花为花坯。按红茶：鲜花=1∶1比例拌和窨制，第一次1∶0.5，窨制12 h，中间需通花散热，进行初烘。二窨、三窨相同。茶花不分离，回潮后复烘，温度55℃、10 h。产品三分花香，七分茶香，花蜜香幽香持久。汤色明亮，滋味醇厚，回甘生津，见图3-47右。(罗文文)

图3-47 桂花红茶（左）与茶花红茶（右）

3.6.23 木禾花茶

木禾茶叶公司生产茉莉毛尖已有10余年历史,桂花红茶从产品试制到成型也有5年历史。

公司生产的茉莉毛尖,以木禾东白毛尖为茶坯,采选优质茉莉鲜花,茶花总配花比例1∶1.5,采用四窨一提茉莉花茶窨制工艺窨制而成,成品花茶理化水分控制在7%以内。产品香气鲜灵悠长,滋味鲜醇含香,见图3-48左。

图3-48 茉莉花茶(左)与桂花红茶(右)

木禾工夫桂花红茶(简称"木禾桂花红")选用"滋味鲜醇甘爽"的木禾工夫红茶为茶坯,选用东阳市境内优质金、银桂鲜花为花坯。茶花比例为4∶1,采用二窨一提工艺窨制而成,成品花茶含水分控制在7%以内。产品外形条索紧直细长显锋苗,内质花香鲜灵持久、汤色黄亮、滋味甘醇含香,见图3-48右。(罗文文)

3.6.24 桂花茶

义乌市毛山生态茶园从2014年开始生产桂花红茶,选用当年清明至谷雨期间的高中档'鸠坑'群体种鲜叶,按照萎凋—揉捻—发酵—烘干工艺制成的红茶为茶坯,搭配本地全开放桂花,茶花配比(4.5~5)∶1;桂花老茶从2021年开始生产,选用当年谷雨后春茶或夏秋茶(鸠坑群体种)鲜叶,按照萎凋—揉捻—发酵—烘干—渥堆工艺制成的老茶为茶坯,茶花配比(7~8)∶1。桂花茶窨制时间30~40h(因桂花花期短,只窨制1次),剔除桂花,110℃烘干,水分控制在4%~5%。

桂花红茶桂花香馥郁香甜，汤色红艳明亮，滋味柔和甘鲜有花香。桂花老茶桂花香与黑茶香气互融，滋味柔和醇厚带花香，见图3-49。（王园诊）

图3-49　桂花红茶

3.6.25　桂花冷山美人

浙江茗正堂生态农业发展有限公司生产的桂花冷山美人，源自武夷山脉浙江境内海拔1 200 m左右的森林，选用不施肥、不打药、不除草、不修剪原生态百年老枞茶树鲜叶，经萎凋、揉捻、自然发酵、采用75℃ 4 h初烘、70℃ 6 h复烘等工序制成的古丛红茶—冷山美人（丛香）为原料。桂花选用严格挑选的金桂和银桂。

一窨茶花（金桂70%、银桂30%）比100∶20，拌匀静置6 h微微发酵，挑花后70℃ 0.5 h烘干。二窨茶花66（金桂）100∶15，拌匀静置6 h，挑留花约8%后70℃ 0.5 h左右烘干，含水量控制在6%内。

产品干茶色泽乌润，条形恣意，茶汤金黄透亮，口感甘甜顺滑，郁郁的茶香花香入汤，15泡仍有余香，见图3-50。（罗文文）

图3-50　茗正堂桂花冷山美人

3.6.26 常山银毫凰岗茶（胡柚花香红茶）

常山县雨生茶叶专业合作社于2020年开始探索窨制胡柚花香红茶。

加工工艺：选用当地'鸠坑'品种茶树采摘制作半成品为茶坯，开一天的胡柚花为花原料，采后需凉干，茶坯经干燥水分控制在10%。茶坯与胡柚鲜花按比例拌和均匀，窨制20h左右，窨制时将花与茶坯装入食品袋当中，每袋10kg。窨制好后，进行烘干，温度80℃，水分在15%，摊茶坯厚度为1.8~2cm。初烘后再进行茶花分离挑选，挑选后再将茶坯烘干，水分控制在3%。

品质特征：外形细紧卷曲，乌润有金毫，汤色金红明亮，柚花香型明显，滋味甘爽香甜，叶底红亮匀齐，一芽一叶芽头肥壮，见图3-51。（王长法）

图3-51 胡柚花香红茶

3.6.27 元峰牌茉莉小毛峰

开化宝纳制茶有限公司是一家集种植、加工、贸易及科研的省级农业龙头企业。自2006年起，公司开展茉莉小毛峰加工工艺研制并投产。

公司以浙江省开化县高山小叶种茶树幼嫩茶叶为原料，经杀青、揉捻、干燥、整理等工艺精制成茶坯；花坯选用广西横县半开放茉莉花。窨制采用"四窨一提"的经典工艺，即：一窨（100kg茶坯配50kg茉莉花、2.5kg白兰花，拌和12h，坯温达到48℃时必须立即通花，窨后烘焙温度120℃）；二窨（100kg茶坯配45kg茉莉花、1kg白兰花，拌和11h，坯温达到45℃时必须立即通花，窨后烘焙温度110℃）；三窨（100kg茶坯配40kg茉莉花、拌和10h，坯温达到42℃时必须立即通花，窨后烘焙温度105℃）；四窨（100kg茶坯配25kg茉莉花，拌和9h，坯温达到40℃时必须立即通花，窨后烘焙温度100℃）；提花（100kg茶坯配6kg茉莉花、拌和8 h后视情况筛花装箱）。

产品特征：条索紧细匀整，色泽绿润，香气鲜灵持久，滋味醇厚鲜爽，汤色黄绿明亮，叶底嫩匀柔软，见图3-52。（陈祖明）

3.6.28 栀子花红茶

开化丽群家庭农场自2018年起开始探索花茶的窨制工艺，目前有桂花红茶、栀子红茶、玫瑰红茶等系列花茶产品。

公司生产的栀子花红茶采用开化本地鲜叶原料初加工成红毛茶，再进行筛、抖、切、风、拣、拼等精加工工序，制成待窨茶坯，含水率控制在3.5%~5%。采收半开放栀子鲜花，折瓣，去梗、蒂、花萼，薄摊除去表面水。总配花量40%，二连窨。按20%花瓣与茶坯拌和装箱或袋，扎口保温。每5 h检查温度，当温度接近50℃，需通花，降到30℃时收堆，一般通花2~3次，收堆二窨，直接拌入新鲜花瓣，方法同一窨，当鲜花开始变褐，应立即起花干燥，烘干温度80℃，含水率控制在6%左右。可根据需要用5%配花量提花，提花需控制好含水率。成品栀子花红茶条索较细紧、乌润，花香浓郁，见图3-53。（李群勇）

图3-52　元峰牌茉莉小毛峰

图3-53　栀子花红茶静置窨花（左）与栀子花红茶（右）

3.6.29 芹江牌花茶

开化元山茶业有限公司是一家集种植、加工、贸易、研发于一体的浙江省科技中小企业。以开化县鸠坑系列品种茶树幼嫩茶叶为原料,经萎凋、揉捻、发酵、干燥、整理等工序加工而成的钱江源开门红茶为茶坯,研发的金桂开门红茶及栀子花开门红茶(图3-54)获市场好评。

图3-54 芹江牌金桂开门红茶与栀子花开门红茶

金桂开门红茶选用含苞待放的金桂,经薄摊散热、筛分、除杂等处理,2~3h内付窨。采用"一窨一提"工艺,流程"茶花拌和(配花量20%、层高2~3cm、堆高30~40cm,翻拌均匀装箱)—静置窨花(18~20h)—通花散热(中心堆温接近35℃立即通花)—收堆续窨(接近室温装箱续窨)—干燥复火(带花复火,以90℃为宜,薄摊慢烘,烘至茶叶含水率6.0%左右)—起花(筛花)—摊凉提花(配花量5%)—匀堆装箱"。产品特征:条索细紧匀整,色泽乌润,香气花香浓郁,滋味浓醇花香显,汤色橙红明亮,叶底嫩匀红亮。

栀子花开门红茶选用半开放状态的栀子花,折瓣,去梗、蒂、花萼,薄摊除去表面水。采用"连窨"窨制方式,流程"茶花拌和一窨(配花量20%、层高2~3cm、堆高25cm左右,翻拌均匀装箱)—静置窨花(约10h)—通花散热(中心堆温接近50℃立即通花)—收堆二窨(一窨通花接近室温时，配花量20%装箱续窨10h）—通花散热（中心堆温接近50℃立即通花）—起花（筛花或色选）—干燥复火（以80℃为宜，薄摊低温慢烘，烘至茶叶含水率6.0%左右）—摊凉提花（视市场情况配花量5%）—匀堆装箱"。产品特征：条索细紧匀整，色泽乌润，香气浓郁香显，滋味浓醇入香，汤色橙红明亮，叶底嫩匀红亮。（陈祖明）

3.6.30 桂花红茶

浙江云雪瑶茶叶有限公司以规模化生产理念，研发了一种高效的桂花红茶窨制方法，该方法缩短了窨花时间，提升了生产效率。

具体方法为：选用含苞待放新鲜桂花和无异杂味红茶为原料，采用一窨一提，一般50kg茶坯配桂花15kg，提花1kg，将处理后的鲜桂花和茶坯按比例充分搅拌均匀，堆高30~40cm，要勤翻通花散热，待茶叶回软后即用送风式滚筒炒干机和送风式滚干机进行150~180℃高温干燥，起花后提花2h装箱。

此方法加工的桂花红茶，干茶条索细紧，有效熟化了桂花中的花青素，香浓入汤，口感鲜爽芳香扑鼻，深受消费者喜爱，见图3-55。（宋米和）

图3-55 桂花红茶加工之窨花（左）、提花（中）与桂花红茶（右）

3.6.31 善树牌桂花红茶

三门绿毫茶叶专业合作社自2013年开始探索桂花红茶生产工艺，研发的善树牌桂花红茶获全国茶叶品质评价四星产品。

公司选用新鲜的金桂、丹桂和银桂等桂花，要求桂花半开放、成熟饱满，无劣变，香气芬芳。茶坯水分控制在3.5%~5.0%。按茶坯与鲜花

10:3的比例进行拌和,窨制8~12h,窨堆堆高20~30cm,中间需通花3~4次,将桂花剔除。80~90℃烘干,摊叶厚度为5~10cm,水分含量控制在6.0%~8.0%。转窨配花量较前窨相同或依次减少,转窨次数根据产品需求选择。

善树牌桂花红茶(图3-56)外形细紧稍卷,乌润有金毫,汤色橙红明亮,桂花香显,滋味甘爽,叶底红亮匀齐。(邱晓莹 胡善树)

生产花茶的企业还有杭州龙冠实业有限公司、杭州九曲红梅茶业有限公司、宁波市海曙区它山堰茶叶专业合作社、宁波市鄞州章水永杰茶叶场、磐安县老傅生态农业开发有限公司、开化县名茶开发有限公司、开化海顺农场、开化县苏庄老傅茶厂、浙江省龙游翠竹茶厂、安吉千道湾白茶有限公司、苍南县明宝种植专业合作社、泰顺县玉塔茶场等,这里不再一一列举。

图3-56 善树牌桂花红茶

第 4 章　茶叶外源增香技术

香气不仅是茶叶重要的品质特征，更是茶叶作为食品商品的核心消费属性、决定茶叶经济价值的关键因素，更是茶叶本身重要的物质属性之一。《阳春曲·赠茶肆》云："茶烟一缕轻轻飏，搅动兰膏四座香，烹煎妙手赛维扬。非是谎，下马试来尝。"时至今日，茶叶香气一直是产业和科研领域共同关注的核心议题。

自古以来，人类对改善茶叶香气的追求从未停歇，根据科研报道和产业实际运用情况，所用方法依据香源的不同主要分为内源增香和外源增香两种。内源增香方法是指仅通过调控茶叶自身的内质成分或加工工艺条件，使得茶叶内在生化反应变化而实现调香。但发展至今，随着茶叶加工科学体系越来越完善、加工技术越来越卓越，通过改变工艺实现香气改善或改变的空间越来越小、难度越来越大。相较而言，外源增香将是改善茶叶香气的新趋势。

此外，增香茶叶的消费用途对于增香技术的进步具有决定性和重要推动作用。以前，传统茶的消费方式主要以饮用为主，因此茶叶长期位居世界三大饮料之列。现今，传统茶的消费方式发生了较大改变，从传统的泡饮拓展到现代的调饮，从原来的单一饮用扩展到如今的饮用、食用、日化、纺织、烟草等多用途并举。在这些多样的应用中，茶叶的香气起到了很大作用，以茶叶作为香料加入烟草中制成茶香烟，以茶香加入布料中制成茶香丝巾、茶香袜子等。

4.1 茶叶外源增香技术分类

外源增香是指通过一定的技术在干茶坯中外源添加食用香料，使茶坯香气更佳或香型更多样。根据GB/T 21171—2018《香料香精术语》，食用香料是指具有香气和（或）香味的食用材料，包括天然食用香料和合成食用香料。

根据目前市场上和文献报道中已有的外源增香技术，可将外源增香又进一步归纳为窨香、加香和酶促增香三类（图4-1）。其中，窨香即指传统

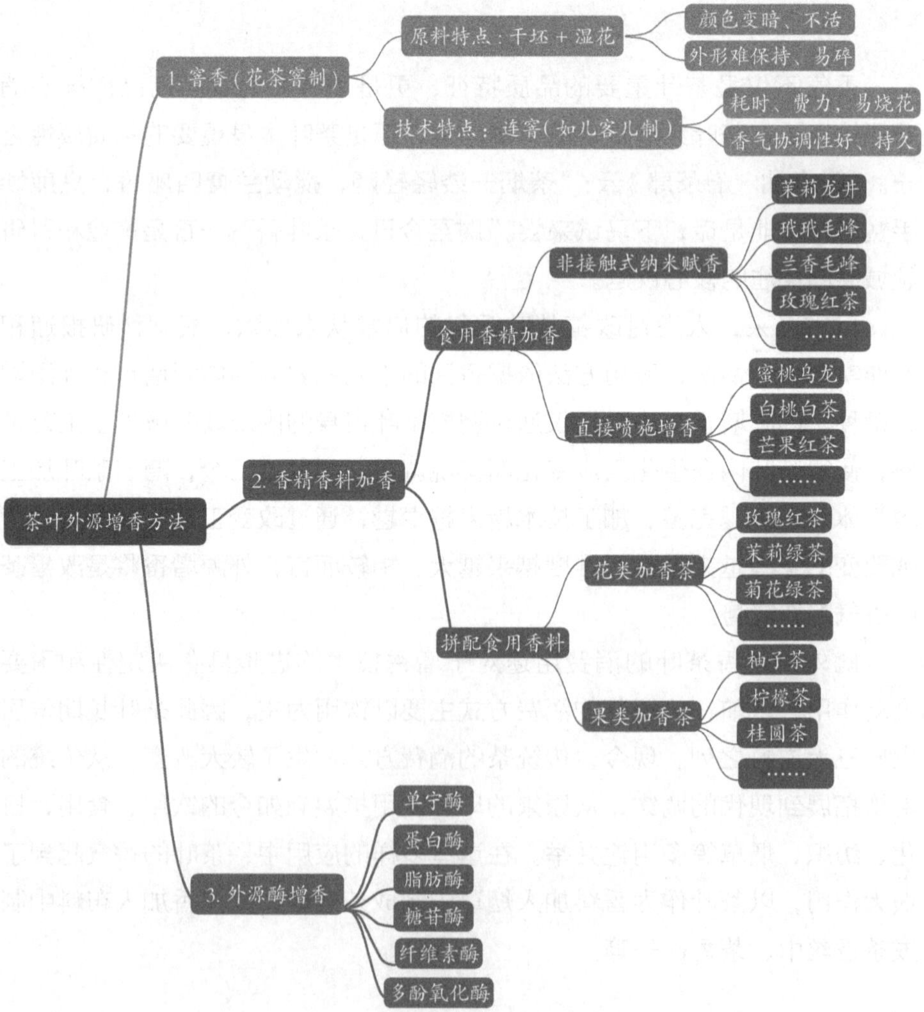

图4-1 茶叶外源增香方法分类

的花茶窨花加工，通过香花湿坯和茶叶混合窨制，使茶叶具有香花香气。窨制花茶在实际中主要以传统泡饮消费为主，有茉莉花茶、桂花茶、栀子花茶等。加香是指通过添加食用香料改变茶叶香气或香型。这类加香茶生产执行 GH/T 1247—2019《调味茶》、GH/T 1231—2018《加香调味茶》，其产品除了可传统泡饮消费，还大量用于调制新茶饮（现制茶饮）。近年来，新茶饮、花草茶等茶产品成为市场宠儿，以年轻消费群体为主，这从当前奶茶产业飞速发展态势可见一斑，据报道，2022年新式茶饮年消耗茶叶超过20万吨。(《2022年新式茶饮高质量发展报告》)

综上，在前文讲述花茶窨制技术的基础上，本章重点针对当前发展迅猛的新茶饮产业所需的加香和酶促增香两类技术、产品及发展趋势予以叙述。

4.2 食用香料（精）加香技术

GB/T 21171—2018指出香精是由香料和（或）香精辅料调配而成的具有特定香气和（或）香味的复杂混合物，包括天然香精和合成香精，其中香精辅料是指为发挥香精作用和（或）提高其稳定性所必需的任何基础物质（如抗氧剂、防腐剂、稀释剂、溶剂等）。香精在食品领域应用广为熟知，种类繁多，满足不同产品和形态的需求。如食用香精既可以按照剂型分为液体型、粉末型和乳化香精，也可以按照香味物质来源分为热反应型（如美拉德反应）、调和型、氧化型（如脂肪氧化）、发酵型（如酸奶、葡萄酒、酱油等发酵的香味）和酶解型等。食用香精在食品配料中所占比例不大，但其对食品风味起着举足轻重的作用，既能赋予食品各种各样的香味、稳定香味、改善和补充加工食品的香味、掩盖不良气味，又能改善食品功能特性，起到杀菌防腐、抗氧化、促进食欲等作用。

茶叶，是一种食品，采用香料增香的茶叶自古就有，据宋代蔡襄撰写的《茶录》中记载，在上等绿茶中加入龙脑香（一种香料）作为贡品，这说明在宋代已有利用香料增香茶叶。当今，调味茶就是通过一定的加工技术，使用食用香精香料增香的茶叶。实际上，随着时代的发展和经济形势的变化，茶叶的消费形式从传统以清饮为主向清饮、调饮、食用多元化发展，尤其是2000年以来，奶茶、花果茶等新茶饮产品随处可见。据中国连锁经营协会数据，我国新茶饮市场规模从2017年的575亿增长至2021年的1 003亿元，年复合增长率20%以上，2022年新茶饮年消费原料茶20万吨，已是茶产业增值新方向，是茶业界内关注的热点。

尽管新茶饮发展迅猛，但其相关标准体系并未完善甚至有些滞后，导致很多人将新茶饮等同理解为现制茶饮，实际上现制茶饮的概念更为宽泛。目前关于现制茶饮的标准也不全面。从国标层面上看，唯一现行有效国标是GB/T 21733—2008《茶饮料》，该标准规定了茶饮料的产品分类、技术要求、试验方法、检验规则、标志、包装、运输和贮存。该标准适用于以茶叶的水提取液或其浓缩液、茶粉等为主要原料，可以加入水、糖、酸味剂、食用香精、果汁、乳制品、植（谷）物的提取物等，经加工制成的液体饮料。但标准文件中并未明确提出现制茶饮的定义及加工等相关内容。从行业标准层面，有NY/T 1713—2018《绿色食品 茶饮料》，该标准也主要是针对预包装的瓶装饮料，而非现制茶饮。从地方标准层面，只有DB15/T 525—2012《蒙餐 奶茶》，该标准是由内蒙古地区食用奶茶的饮食习惯而来，在制作方法和饮用方式上与现制茶饮有所不同。目前现制茶饮标准主要集中在团体标准上，共有18项，具体如表4-1所示，其中在术语、操作规范上相对集中且内容雷同。

表4-1　现行现制茶饮团体标准

序号	标准编号	标准名称	颁发部门	发布日期	实施日期
1	T/CCFAGS 027—2021	现制茶饮术语和分类	中国连锁经营协会	2021-11-11	2021-11-11
2	T/CCFAGS 037—2023	现制茶饮门店食品安全自查指引	中国连锁经营协会	2023-04-11	2023-05-01
3	T/CTSS 76—2023	现制茶饮料 茶叶原料	中国茶叶学会	2023-11-11	2024-03-01
4	T/CTSS 75—2023	现制茶饮料 术语 分类 基本要求	中国茶叶学会	2023-11-11	2024-03-01
5	T/CTSS 77—2023	现制茶饮料制作规范	中国茶叶学会	2023-11-11	2024-03-01
6	T/ESSE 002—2022	恩施新茶饮制作规范	恩施土家族苗族自治州茶产业协会	2022-07-12	2022-08-11
7	T/FJCFA 0001—2021	现制奶茶	福建省连锁经营协会	2021-03-12	2021-03-13
8	T/CSTEA 00022—2021	茶类饮料 现制奶茶	海峡两岸茶业交流协会	2021-05-20	2021-05-21
9	T/FJCFA 0002—2021	现制奶茶操作规范	福建省连锁经营协会	2021-04-16	2021-04-17
10	T/CAB 0043—2018	绿色设计产品评价技术规范 杯装即饮奶茶	中国产学研合作促进会	2018-10-08	2018-10-08

（续表）

序号	标准编号	标准名称	颁发部门	发布日期	实施日期
11	T/GDIFST 003—2022	开奶茶（固体饮料）	广东省食品学会	2022-04-28	2022-04-28
12	T/CSTEA 00022—2021	茶类饮料 现制奶茶	海峡两岸茶业交流协会	2021-05-20	2021-05-21
13	T/CSTEA 00024—2021	茶类饮料 现制水果茶	海峡两岸茶业交流协会	2021-05-20	2021-05-21
14	T/CSTEA 00026—2021	茶类饮料 现制冷泡茶	海峡两岸茶业交流协会	2021-05-20	2021-05-21
15	T/CSTEA 00023—2021	茶类饮料 现制奶盖茶	海峡两岸茶业交流协会	2021-05-20	2021-05-21
16	T/CSTEA 00025—2021	茶类饮料 现制气泡茶	海峡两岸茶业交流协会	2021-05-20	2021-05-21
17	T/GDES 77—2022	茶类饮料碳足迹评价技术规范	广东省节能减排标准化促进会	2022-09-06	2022-09-09
18	T/GDES 2036—2022	茶类饮料产品碳中和评价技术规范	广东省节能减排标准化促进会	2022-10-10	2022-10-14

当前现制茶饮店普遍采用的是中国连锁经营团体标准 T/CCFAGS 027—2021《现制茶饮术语和分类》，该标准将现制茶饮定义为现场加工制作，供消费者直接饮（食）用的茶汤及其制品。并将现制茶饮按茶汤中添加原料进行分类，分为原叶茶饮、传统奶茶、调制奶茶、调味茶饮料、新茶饮和其他现制茶饮；该标准将新茶饮定义为以原叶茶和（或）茶汤、水果、现榨果蔬汁、原榨果汁、果汁、蔬菜汁、蔬菜、乳制品中一种或多种为原料，添加或不添加其他食品，不添加固体饮料，经现场加工制成的液体或固液混合物。

新茶饮对原料茶品质的要求，有别于传统泡饮消费，新茶饮配料中牛奶、花、果等辅料的存在，会起到掩蔽茶叶香气和滋味的作用，这是茶香、茶味要求更浓厚的主要原因，所以就 GB/T 23776—2018《茶叶感官审评方法》中五项因子而言，主要要求香气、滋味，而对于外形、叶底和汤色并不注重。此外，千禧一代是新茶饮消费主流，尤为强调个性化、讲求感官冲击力，敢于突破传统观念，在食品安全基础上，他们喜好香型多样的饮品，所以为迎合新消费需求，新茶饮对于原料茶的香型要求多样、香高，由此花茶、调味茶恰适要求。综合科研文献和产业实际，利用食用香精香料加香的技术主要有非接触式纳米赋香和直接喷施赋香两种。

4.2.1 非接触式纳米赋香技术

非接触式纳米赋香技术，由浙江农林大学杜琪珍教授提出、研制与实施应用，简言之，该技术是将香料、香精、精油采用食品包埋方法制成纳米粒子，该纳米粒子具有缓释作用，通过调控纳米粒子释放香气的缓释动力学和干茶坯吸附香气的吸香动力学，可使干茶坯非接触式吸附香源释放的香气而增香或改变香型。

非接触式纳米赋香技术的本质是利用了茶叶的吸附性能。就茶叶本身而言，决定茶叶吸附能力的因素主要有：

茶叶孔隙。茶叶是一种疏松的多孔隙物质，有较大的比表面积，刘用敏采用 BET Isotherm 模式及方程计算出茶叶比表面积达 $70\,m^2/g$。这是因为鲜叶制成茶叶后，其叶组织结构中的水几乎完全挥发掉，从而形成了大量的孔隙，这些孔隙是吸附作用的基础，一般认为毛细管范围的孔隙吸附性能强。茶坯吸附能力的差异，取决于孔隙大小和毛细管孔隙分布的密度。因此，低级茶坯因原料成熟度高，叶细胞组织分化程度也较高，其孔隙相对于高级茶坯而言具有粗而稀的特点，吸附能力较高级茶坯弱；炒青绿茶经炒制，表面光滑，结构紧实，其吸附性能不及烘青绿茶。

茶叶的水分含量。茶叶的吸湿性很强，传统观点认为当茶坯中水分含量达到20%时，几乎完全失去了吸附作用。茶叶含水率对孔隙的影响很大，含水量多，孔隙被堵塞的就多，吸附作用就弱；反之，含水量少，孔隙被堵塞的就少，吸附作用就强，当含水量在5%时，茶叶的吸附作用最强。但也不是茶坯水分含量越低对窨花越有利，当将水分含量降到3%以下时，容易产生因干燥过度而出现的弊病，如焦气、断碎等，对品质产生负面影响。

茶叶中具有吸附性的物质。茶叶含有萜烯类物质和棕榈酸等极易吸附气味的物质。这些物质吸附作用强，且稳定性高，不易挥发。原料嫩度较高的茶叶中棕榈酸等吸香物质较丰富，吸附能力也强。高级花茶香高持久，耐冲泡与此有一定关系，但此观点缺乏直接的实验证据。

近几十年来，包埋和包封技术作为一种新技术，能显著地为活性化合物提供许多益处，如防止氧化、增强稳定性，保留挥发性成分和抗微生物活性。纳米颗粒被定义为尺寸在 1~1 000 nm 范围内的固体颗粒或颗粒分散体。用于制备纳米粒子的方法主要分为三大类：

（1）物理交联法：主要包括热交联法、离子凝胶法、复合凝聚法和自组装法等。

（2）化学交联法：主要包括乳化交联法、去沉淀法、共价交联法等。

（3）干燥交联法：主要包括喷雾干燥法、反胶束法、超临界干燥法、筛分法等。制备纳米粒时，需要根据材料和包埋物性质以及使用时的要求，选择适宜的制备方法和制备工艺。主要考察的指标包括粒径和形态、释药特性、收率（又分为纳米粒收率和纳米粒中药物收率）、包封率、载药量、粉体学性质、稳定性、水中分散性、吸湿性等。

纳米包埋技术可谓是微胶囊技术向纵深的发展，纳米级的粒径赋予其特殊的小尺寸效应和表面效应。因此，除了能很好的实现对营养素的保护以外，纳米载体往往显示出更高的稳定性和更卓越的体内吸收、控释和靶向性功能。通过纳米技术，将香气物质包裹于纳米粒子内部，可以制备出香气—纳米复合物。香气—纳米复合物相比于液体精油具有更多的作用，如减少香气物质与外界环境的接触，防止其氧化变质；较好地保存易挥发的香气物质，延长香气滞留期；预设释放，提供特殊的释放方式；将液体或半固体香精转变为在水溶液中具有良好分散性的形式，改进产品外观和质地等。

在食品加工领域，纳米赋香可以将分散性较差的、低极性的香气物质均匀地分散到食品中。如用Tween80乳化柠檬精油，制备出稳定的纳米乳液，可以均匀地添加到液态饮料里以释放柠檬香味。Li和Lu、Kwan等采用低甲氧基果胶和乳清分离蛋白，制备了一种可缓释放风味物质的纳米乳液，该纳米乳液可将橘子精油很好地分散到水相饮料里并实现香气物质的良好缓释性。植物精油的纳米化改变了植物精油的低极性和易挥发性，使精油的利用效率大大提高。王卉等研究了柠檬精油微胶囊的制备，证实了柠檬精油微胶囊能有效延缓柠檬精油在高温高湿环境下的释放。

目前，非接触式赋香方法已成熟。徐刘丽以酪蛋白为载体包埋茉莉花精油，发现当精油与蛋白质量比例为0.25时，11组主要香气组分中有9组呈最大包埋率，且香气包埋率均＞80%，由此制备了茉莉精油—酪蛋白纳米复合物（工艺见图4-2）进一步分别在低温4℃、常温25℃和高温50℃条件下茉莉精油—酪蛋白纳米复合物的释香性能，发现温度对茉莉精油—酪蛋白纳米复合物的释香速率影响较大。选用40mg/mL蛋白浓度、精油与蛋白质量比为0.25的茉莉精油—酪蛋白纳米复合物，在25℃下分别对西湖龙井和黄山毛峰进行了非接触式赋香，结果表明，毛峰吸香能力更强，0.5%的配香量下窨制出的茉莉香茶品质好，更具商业价值。

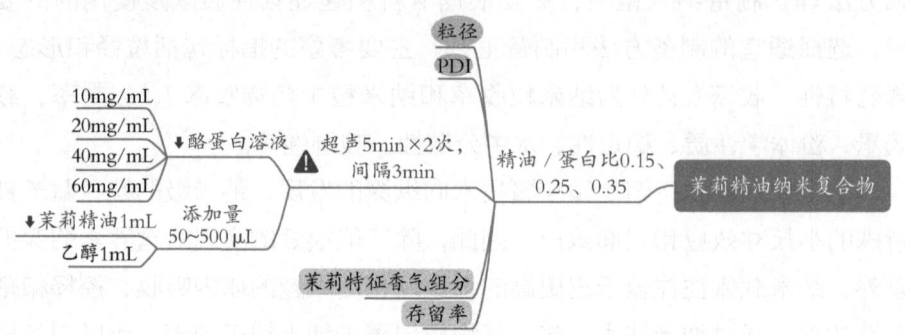

图4-2 茉莉精油—酪蛋白纳米复合物制备工艺

许龙杰以玳玳精油为香源，制备了玳玳精油—酪蛋白纳米复合物，并通过磷脂调控其稳定性，采用Avrami方程研究了时间、不同温度（7℃、25℃、35℃）、湿度、磷脂添加量下纳米复合物的释香动力学及主要影响因素，随时间及温度的增加，香气组分的保留率显著降低；随湿度的增大，香气组分保留率呈下降趋势，这为玳玳精油—酪蛋白纳米复合物在花香茶叶窨制的应用奠定基础。进一步应用玳玳花香精油纳米复合物窨制滇红红茶，成功窨制出玳玳花香红茶（图4-3），感官审评结果较好，玳玳花香红茶有较普遍的人群接受度。

图4-3 玳玳精油-蛋白纳米复合物（左）和赋香茶叶（右）

CN201811561324.7专利提供了一种花香茶叶窨制方法。以磷脂、蛋白、多糖等食品级材料与天然香气物质形成香气微纳米复合物，将其作为释香剂置于装有茶叶的密闭容器或包装袋中，在常温或加热条件下使香气微纳米复合物中的香气物质缓释到半成品茶或成品茶中，得到具有花香的茶叶。该发明的有益之处在于可以得到各种风味的花香茶叶，并且能全年生产，质量可控、标准统一。

4.2.2 喷施香精赋香技术

在产业实际中，新茶饮原料茶需求量较大的茶类，除了茉莉花、桂花、栀子花风味的茶是窨花加工以外，蜜桃乌龙、白桃白茶等更多的风味茶原料是调味茶加工工艺，普遍采用的是喷施香精赋香技术，简要说是将食用香精通过一定工艺喷施到干茶坯上，经适温干燥后得到具有特定香气风味的茶叶，实现改变茶叶香气强度或香型，从感官角度看，这类茶叶的香型在一定程度上接近天然窨制花茶。随着新茶饮势头疯起，浙江省内一些企业早已布局与之相适的产品，其中不乏升级转型的传统茶企业，甚至生产饮料配料企业也开始布局新茶饮原料茶、产品及技术解决方案方向，如浙江森伴园生物科技有限公司、浙江德馨食品科技股份有限公司、浙大百川等。

蒋顾伟等为探讨窨制花茶和喷施香精茶叶香气的差异，以湖北一级绿茶为茶坯进行窨制茉莉花茶和喷施茉莉花香精制成加香茉莉花调味茶，进行对比分析两者香气差异，发现窨制茉莉花茶和加香茉莉花调味茶不仅在主要呈香香气组分上有一定的差异，更重要的是它们在主要香气化合物的相对含量上，特别是它们之间的相对配比上存在着较大差异，这些都是形成二者各自不同香气特点的主要原因。窨制茉莉花茶的赋香是一个复杂的物理化学反应过程，形成的香气馥郁持久；而加香茉莉花茶赋香只是简单的物理吸附，同时在其加工过程中一部分香气化合物挥发逸失，使得其香气组分化合物量少，香气不持久。Utama-Ang 等采用喷雾干燥法制备了含笑提取物（MCL）胶囊化风味粉，将其应用于绿茶粉中制成速溶香蒲茶。其中包封的载体为20%（重量）的麦芽糊精和0.5%（重量）海藻糖，研究了 MCL 提取物浓度5%、10%、15%和20%的包封率，发现10%MCL 提取物的包封率最高（93.39±0.57），总香气评分最高（6.5±0.5），收率高（34.52±0.61）。在所有粉末样品中均发现大量的樟脑、柠檬烯、

β-榄香烯和β-石竹烯。利用电子鼻对挥发性化合物进行主成分分析表明，10%w/v 的 MCL 包埋香料粉末对提取物的截留率较高。

4.2.3 干料拼配赋香技术

市场上，还有一类增香的茶叶产品，是通过将香料和干茶叶进行混合搭配，作为一个整体产品进行消费，呈现形式多样，如玫瑰花调味红茶，见图4-4。

图4-4 玫瑰花调味红茶（左-散茶，中-团茶，右-茶饼）

这类茶产品的香气、香型则是以拼配的花、果等香料为主基调。受我国中药配伍文化的影响，食用香料与茶的拼配方法并没有统一规则，所用茶类及食用香料也非常多样化。尽管如此，拼配香料的香型与茶叶香型要相得益彰，尤其是在泡、煮时要"和"。此外，还需考虑饮食文化的差异，比如印度的茶叶口味偏重，摩洛哥的味道偏轻等。

这类干料拼配的调味茶，深受当前千禧一代的喜爱，也迎合了当前大健康时代的需求，消费者普遍认为含有功能因子的花、草与茶拼配以后，可以增强茶叶的保健功效，尤其是在健康管理、控制体重、降脂等方面的需求较为突出。此外，这类茶在东南亚、俄罗斯、英国等海外市场亦有很好表现，广受欢迎。

4.3 外源酶增香技术

茶叶香气的形成过程是在一系列酶作用下的酶促反应。相比于滋味物质，茶叶香气物质占茶叶干重的比例很小，其中绿茶中仅占 0.005%~0.02%，茶树鲜叶中则占 0.03%~0.05%，但是在茶叶感官审评中香气的分值占比却在 25%~35%。茶叶的香气品质是茶叶中香气挥发物种类和含量的综合效应，目前茶叶中鉴定到的挥发物有700多种，其中绿茶中的挥发物有200种左右，但是只有30余种对于绿茶香气形成具有关键作用。

茶叶中挥发物根据其种类可分为醇类、醛类、酮类、羧酸类、酯类、内酯类、酸类、酚类、杂氧化合物、含硫化合物和含氮化合物11个类别。而根据它们的来源，则可以分为4条途径：以类胡萝卜素为前体、以脂类为前体、以糖苷为前体以及美拉德反应产生。根据前体物质的不同，所经历的酶促反应以及参与的关键酶亦不同。

随着酶工程技术和代谢组学技术的进步，外源酶在茶叶加工中应用以改善茶叶品质的报道越来越多，外源酶制剂在茶叶初加工中的应用主要集中在提高茶叶风味、改善口感、促进结构衍生以增加或减少某些内含成分等方面，尤其是夏秋茶品质的改善较为明显。在茶叶加工中应用较多的外源酶类主要有单宁酶、纤维素酶、果胶酶、蛋白酶、多酚氧化酶和脂肪酶，这些外源酶可促进茶叶细胞壁的溶解，同时被破坏的细胞壁总体结构会进一步发生酶促和氧化反应，在一定程度上提高或降低影响茶叶品质的某些成分含量。这些外源酶最初应用是源于提高茶叶深加工中提取率的目的以增加溶出，此后逐渐被拓展应用到茶叶加工中，以改变溶出物组成及比例而改善茶汤风味，主要是茶汤滋味。在夏季、秋季绿茶揉捻时加入500 U/g单宁酶，可将CG水解为非没食子儿茶素和没食子酸（galllic acid，GA），随着外源单宁酶用量的增加，绿茶浸出物的苦味和涩味强度降低，而甜味和接受度整体提高，明显改善了秋季绿茶产品的口感。林剑锋、张海华等为探索茶资源的增值利用，改善小叶种红茶茶汤薄、味寡、香味不足，以小叶种茶树夏秋季鲜叶为原料，在揉捻工序中外源加入木瓜蛋白酶、纤维素酶和单宁酶，研究三种外源酶单独或混合使用对红茶的主要内质成分的影响，分析了水浸出物、茶多酚、可溶性糖、咖啡碱、儿茶素、茶黄素、茶氨酸含量，并与对照样（未加酶组）进行对比分析，认为外源蛋白酶对于红茶内质成分含量具有提高作用，增加了红茶的甜香感，是较优的外源酶选择。

以改善茶叶香气为目的的外源酶技术所用的酶主要有脂肪酶、糖苷酶，这与茶叶中香气前体物质的来源紧密相关。张艳梅等在采用紫鹃品种制作白茶的萎凋过程中，利用外源脂肪酶并融合轻微包揉和轻微发酵的新工艺，发现该紫鹃白茶在香气、滋味等各方面都优于对照组。在揉捻阶段加入外源β-葡萄糖苷酶能促使乌龙茶芳樟醇及其氧化物和相似结构物质的大量释放，提高乌龙茶干茶香气和滋味；摇青后使用β-葡萄糖苷酶和漆酶处理能显著提高铁观音香气成分含量，在初烘前添加漆酶和α-半乳糖苷酶能改善夏茶的香气和滋味品质，二者复合使用时，制得的夏茶品质类似早秋茶。有研究通过向四川黑毛茶加入土豆外源酶，并结合湿热处理，发现显著增加了β-芳樟醇、α-雪松醇等花果香型物质，明显降低了陈味和霉味，改善了四川黑毛茶的总体品质。张海华依据食品化学中酶学原理，选择了木瓜蛋白酶(P)、酯酶(E)、脂肪酶(F)、木聚糖酶(X)和糖苷酶(G)五种类型的水解酶，将其应用于绿茶加工中以改善绿茶风味，理论上这些水解酶的特异性产物主要是呈香、呈味物质。经实验，对茶样进行感官审评，并与对照样CK对比，结果见表4-2。从表4-2可知，无论是汤色、滋味还是香气上，糖苷酶、脂肪酶和酯酶作用后香型有变化，整体评分有提高，其中脂肪酶组在香气、滋味上都最高。综合看，脂肪酶、酯酶和糖苷酶对茶叶香气、滋味和汤色都有所提升，而木聚糖酶、木瓜蛋白酶在香气方面影响不良，评分降低。

表4-2　外源酶对绿茶感官品质的影响($n=3$)

酶类	汤色		香气		滋味		综合评分
	评语	评分	评语	评分	评语	评分	
E	黄绿，明亮，清澈	89.0	清香尚纯，稍带花香，尚长	92.0	醇正	91.0	90.6
G	黄绿，明亮，清澈	92.0	清香尚纯，稍带栗香，尚长	91.0	醇正	91.0	91.3
P	黄绿，明亮，清澈	90.0	清香尚纯，尚长	87.0	醇正	91.0	89.9
F	黄绿(黄一点)，明亮，清澈	87.0	清香尚纯，带蒸薯香，尚长	95.0	醇正	93.0	91.6
X	黄绿(绿一点)，明亮，清澈	87.0	清香尚纯，尚长	83.0	醇正	87.0	86.2
CK	黄绿，明亮，尚清澈	85.0	清香尚纯，尚长	90.0	醇正，略苦	85.0	86.0

然而，外源酶技术在传统茶加工中的应用，虽效果很好，但是实际应用却受到了挑战，主要是传统茶加工标准要求"零添加"。

尽管如此，随着传统茶突破传统饮用消费方式，以烟用香料、家具压缩板、纺织印染等多样性消费形式出现后，外源酶技术在传统茶加工中增香的意义将会更为重要，其应用也会随之更为广泛。如张峰等为了提高铁观音杀青叶烟用香料中香气物质的得率(指香气物质的提取率)，采用生物酶对原料进行酶解增香后再提取，发现先加入柠檬酸酸解再加入复合酶(0.03%纤维素酶、0.03%果胶酶和0.03%β-葡萄糖苷酶)酶解后，芳樟醇、香叶醇、苯乙醇、二氢芳樟醇、α-松油醇和水杨酸甲酯等挥发性香气成分含量显著增加，香气成分的总量也增加，感官品质显著提升。

第 5 章 花茶品质评价与品鉴

5.1 花茶品质评价

茶叶（包括花茶）品质评价主要通过感官审评和理化检测来评定，感官审评有统一的审评标准，如GB/T 23776《茶叶感官审评方法》、GB/T 14487《茶叶感官审评术语》等。花茶既涉及六大茶类又有较多种类的花，因此，花茶产品花色种类非常丰富，但在审评标准中花茶的规范性内容较少，且花茶类标准制定相对滞后，标准体系不够完善。

花茶现有的国家、行业、省地方标准共14项（表5-1），其中国家标准2项，均为茉莉花茶；行业标准5项，茉莉花茶占3项；现行有效省地方标准7项，茉莉花茶占5项，主要由福建省、广西壮族自治区和安徽省发布。由此可见，茉莉花茶相关标准有10项，其他花茶共4项，其中桂花茶2项、珠兰花茶1项、花茶1项。现行有效团体标准和企业标准中也主要是茉莉花茶和桂花茶。浙江省级花茶类标准共有2项（表5-1），均为省团体标准，没省地方标准，相比浙江花茶辉煌的历史和当前的生产热度，标准制定明显滞后。从花茶类标准体系来看，茉莉花以外的其他花茶相关标准缺乏，不但影响企业生产销售，还给品质评价提出了难题。

表5-1 现行花茶类省级以上标准

国家标准	《茉莉花茶》（GB/T 22292—2017）
	《茉莉花茶加工技术规范》（GB/T 34779—2017）

(续表)

行业标准	《茉莉花茶》（NY/T 456—2001）
	《无公害食品　茉莉花茶加工技术规程》（NY/T 5245—2004）
	《珠兰花茶加工技术规程》（NY/T 1391—2007）
	《蒙顶山茶 第5部分：花茶》（GH/T 1353—2021）
	《桂花茶》（GH/T 1117—2022）
省地标	《绿茶、茉莉花茶加工企业良好操作规范》（DB35/T 612—2005），福建省
	《地理标志产品　福州茉莉花茶》（DB35/T 991—2010），福建省
	《地理标志产品　横县茉莉花茶》（DB45/T 1047—2014），广西壮族自治区
	《桂林桂花茶加工技术规程》（DB45/T 1416—2016），广西壮族自治区
	《茉莉花茶冲泡与品鉴方法》（DB35/T 1634—2016），福建省
	《珠兰花茶》（DB34/T 1355—2018），安徽省
	《地理标志产品　横县茉莉花茶生产技术规程》（DB45/T 2606—2022），广西壮族自治区
浙江省	《栀子花茶》（T/ZJTSS 004—2023）
	《桂花茶加工技术规程》（T/ZJTSS 006—2023）

5.1.1　花茶品质特征

花茶的品质特征因窨花的香花、所用茶坯及产地不同而有所不同。总的品质要求是外形与所用茶坯原料级别接近，条索可略松散；茶汤色泽可稍加深；茶汤有茶和花结合的调和味；香气主要来自香花香型，要求花香鲜浓、持久、纯正，茶与花香味调和，香气清锐芬芳，不闷不浊。常见优质花茶的主要香气滋味感官品质特征为：

（1）茉莉花茶：鲜灵芬芳，滋味鲜醇爽，花干洁白或略黄。

（2）白兰花茶：香气浓烈，滋味浓厚尚醇，花干暗红。

（3）桂花茶：香气浓郁持久，桂花绿茶幽雅清甜，红茶有高甜香，味甘醇，汤香显，花干色泽以黄为佳。

（4）珠兰花茶：清香幽雅，较柔和，滋味鲜爽持久，花干金黄略暗。

（5）玳玳花茶：香气高浓，略似橘皮油香，滋味醇厚，汤中香味显，花干色黄。

（6）玫瑰红茶：具有甜纯的玫瑰花香，浓郁持久，滋味甜醇，色香味俱佳，花干变白。

（7）栀子花茶：栀子花香高，滋味浓，花干淡黄。

（8）蜡梅花茶：花香鲜灵馥郁持久，香似梅，清雅芬芳，滋味鲜醇，花干黄。

花茶除传统泡饮外，还广泛应用于现制茶饮和瓶装茶饮，公开资料显示，茉莉花茶在新式茶饮发展历程中一直处于原料茶领军地位，是各大新式茶饮品牌进行新品研发的优选对象。赵梦莹等调研，茉莉花茶为基底茶的产品在喜茶中占比第一，高达72%，在奈雪的茶中占比49%，在霸王茶姬和茶颜悦色中占比也为第一。近年来，其他花茶产品热度增加，如栀子花绿茶、栀子花乌龙茶、桂花乌龙。花茶作为工业化茶饮和现制茶饮原料，其品质关注点是香气和滋味，基本要求是滋味浓醇，不涩，香高。

近2年来，浙江省越来越多的茶企布局并开展花茶生产，为了迎合本地消费者的品饮习惯，生产的花茶香气比较清雅，以清香型花茶为主，产品十分丰富，绿茶坯有烘青、炒青和半烘炒，其形状有卷曲形、兰花形、扁形、颗粒形等，红茶坯基本为条形。为便于了解浙江省花茶产品现状，笔者对浙江花茶产品进行了调研，并征集了生产企业典型花茶样品，经国家级茶叶感官审评师开展了花茶感官审评，见图5-1、图5-2。摘选部分结果详见表5-2，审评样品见图5-3。

图5-1　样品审评-1

第 5 章 花茶品质评价与品鉴

图5-2　样品审评-2

表5-2　部分花茶样品感官审评结果

茶品	品质特征				
	外形	汤色	香气	滋味	叶底
桂花红茶1	较紧结、略卷曲、较乌	深橙红、明亮	较高甜、微闷	尚甘醇、微闷	较软匀、较红
桂花红茶2	较紧结、略卷曲、略有茎梗、较乌	深橙红、明亮	较高甜、桂花香浓纯、微有火工	甘醇、较鲜爽、略有桂花香	较软尚匀、较红
桂花红茶3	较紧结、略卷曲、较乌	较红、明亮	桂花香浓郁、持久	较甘醇、微酸、略有桂花香	较软匀、尚红
桂花红茶4	较紧结、略卷曲、较乌	深橙红、较明亮	高甜、桂花香尚浓	甘醇、鲜爽	软较匀、红
桂花红茶5	较紧结、略卷曲、较乌	较红、明亮	高甜、桂花香较浓郁	甘醇、较鲜爽、微有桂花香	较软匀、较红
桂花龙井6	较扁平、尚光滑、较挺直、较嫩绿	较嫩绿、明亮	较清高、有嫩栗香、花香尚浓	较甘醇、鲜爽	嫩匀、成朵、绿
桂花红茶7	尚紧结、略卷曲、微有茎梗、微有朴片、尚乌	深橙红、明亮	较高、略有火工	较甘醇、略有火工	较软匀、尚红
桂花龙井8	扁平、光滑、挺直、较尖削、黄绿	嫩黄、明亮、微泛红	较清高、有栗香、桂花香尚浓	较浓醇、略涩、有花香	嫩匀、成朵、嫩黄
桂花红茶9	较细紧、微曲、略有毫、乌	深橙红、清澈明亮	高甜、略有火工	较甘醇、微涩、微有火工	较嫩匀、有芽、较红
桂花红茶10	较紧结、略卷曲、尚乌	较红、较明亮	桂花香浓郁、持久	较甘醇、鲜爽、略有桂花香	较嫩匀、有芽、红亮

·97·

(续表)

茶品	品质特征				
	外形	汤色	香气	滋味	叶底
桂花红茶11	较紧结、略卷曲、较乌	橙红、清澈明亮	较高甜、桂花香尚浓、微闷	较甘醇、较鲜爽、微酸涩	软较匀、较红
桂花绿茶12	尚细紧、略卷曲、微有毫尖、绿隐嫩黄	浅黄、较明亮	清高、桂花香浓郁、持久	较甘醇、鲜爽、有桂花香	较嫩尚匀、有芽、较叶白脉绿
桂花龙井13	尚光扁、较直、有青张、黄绿暗	黄绿、较明亮	清香、微闷、桂花香尚浓	尚浓醇、略涩	尚嫩较匀、尚成朵、黄绿
桂花红茶14	较细紧、略卷曲、有毫、尚乌	深橙红、清澈明亮	高甜、桂花香尚浓、微有火工	较甘醇、微有火工	嫩匀、有芽、红亮
桂花红茶15	较紧结、微曲、较乌	深橙红、明亮	较高、有甜香	较甘醇	较软匀、较红
桂花红茶17	较紧结、略卷曲、较乌	深橙红、较明亮	桂花香浓郁	较甘醇、尚鲜爽、微有桂花香	较软匀、较红
桂花红茶18	较紧结、略卷曲、尚乌	较红、尚明	桂花香浓郁、持久	甘醇、较鲜爽、桂花香显	较软匀、较红
桂花红茶19	紧结、略卷曲、微有毫、乌	深橙红、较明亮	桂花香浓郁、持久	甘醇、较鲜爽、桂花香显	尚嫩、匀、有芽、较红
桂花乌龙20	颗粒尚紧、尚重、略带茎梗、深绿	较蜜绿、较明亮、微有沉淀	较清高、略粗、桂花香尚浓	较甘和、略粗	尚软匀、深黄绿
桂花红茶21	较紧结、略卷曲、尚乌泛灰	红、明亮	较高甜、略有火工	尚醇、略酸涩	较嫩匀、较红
桂花红茶23	紧结、略卷曲、微有毫尖、较乌	深橙红、明亮	桂花香浓郁、较持久	较甘醇、尚鲜爽、微有桂花香、略有火工	较软尚匀、尚红
桂花红茶24	细紧、略卷曲、略有毫、乌	深橙红、较明亮	鲜甜、桂花香尚浓	尚甘醇、微青涩、有桂花香	细嫩、显芽、红
桂花寿眉25	松飘、微有芽、欠匀、黄褐	橙红、明亮	甜果香浓	较甘醇	薄硬、欠匀、带梗、黄绿泛红
桂花红茶28	较紧结、略卷曲、尚乌	橙红、清澈明亮	较高甜、桂花香较浓纯	较甘醇、鲜爽、微有桂花香	较嫩匀、有芽、红
茉莉花茶45	较紧细、微卷、有毫、黄绿润	杏黄、明亮	茉莉花香显、略透素	较浓醇、有茉莉花香	较嫩软、有芽、黄绿亮
茉莉红茶61	较紧细、微卷、乌润	橙红亮	茉莉花香浓、较清高	较甜醇、有茉莉花香	较软、红较亮
茉莉花茶64	兰花形、较直、黄绿润	浅杏黄、明亮	清高，茉莉花香显	清鲜、有茉莉花香、较浓	嫩软多芽、黄绿亮
栀子绿茶67	尚紧结、略卷曲、微有嫩茎梗、深黄绿	嫩黄、较明亮	较清鲜、栀子花香浓郁	较甘醇、较鲜爽、有栀子花香	软尚匀、有嫩茎梗、黄绿

第5章 花茶品质评价与品鉴

（续表）

茶品	品质特征				
	外形	汤色	香气	滋味	叶底
栀子绿茶68	较紧结、略卷曲、微有毫尖、微有嫩茎梗、深黄绿	黄绿、较明亮	较清鲜、栀子花香浓郁	较浓醇、有栀子花香	尚嫩匀、微有芽、黄绿
栀子红茶69	较紧结、微曲、较碎、有茎梗、微有毫尖、较乌	红、较明亮	栀子花香浓郁、持久	尚浓醇、微酸、栀子花香显	软、欠匀、碎、微有芽、较红
栀子红茶70	紧结、微曲、有毫、乌	较红、清澈明亮	高甜、栀子花香较浓郁、略有火工	较甘醇、微有火工、微有栀子花香	较嫩匀、有芽、红
栀子红茶71	紧结、略卷曲、微有毫尖、较乌	较红、较明亮	高甜、栀子花香尚浓醇	甘醇	软尚匀、微有芽、较红
茉莉花茶79	盘曲较紧结，有毫，深黄绿，润	杏黄稍深、明亮	有茉莉花香，透索	浓醇，略有茉莉花香	较嫩软、有芽、黄绿亮
玫瑰红茶80	较紧结、略卷曲、较乌	较红、明亮	高甜、玫瑰花香浓醇	较甘醇	较软尚匀、较红
玫瑰红茶81	紧结、略卷曲、微有毫尖、乌	橙红、清澈明亮	较高甜、火工高、微闷	较甘醇、有火工、微闷	较软匀、微有芽、红
玫瑰红茶82	尚紧结、略卷曲、微有茎梗、微有朴片、较乌	橙红、明亮	高甜、玫瑰花香浓郁、持久	甘醇、较鲜爽、有玫瑰花香	较软尚匀、尚红
栀子红茶83	紧结、微曲、有毫、乌	橙红、清澈明亮	高甜、栀子花香较浓郁、微有火工	较甘醇、微有火工、微有栀子花香	较嫩匀、有芽、红
桂花红茶86	紧结、略卷曲、显毫、乌	较红、尚明	甜花香浓郁、持久	尚浓醇、较鲜爽、微涩、甜果香浓郁	嫩匀、显芽、红
桂花乌龙87	条索较壮结、扭曲、褐	橙黄、尚明	清甜、桂花香浓郁	较甘醇、微涩、有桂花香	较软匀、黄绿
茉莉花茶90	较扁平挺直、深黄绿较润	杏黄较深，亮	有茉莉花香，透索	浓烈，略有茉莉花香	较嫩软、有芽，黄绿亮
柚子红茶92	较紧结、略卷曲、较乌	橙红、明亮	柚子花香浓郁、持久	较甘醇、柚子花香较浓郁	软较匀、较红
玫瑰红茶94	较紧结、略卷曲、尚乌	橙红、较明亮	较高甜、有玫瑰花香、微醇、微闷	尚甘醇、微酸、略醇	较软匀、较红
栀子绿茶96	颗粒紧结、较重实、略有毫、深黄绿	黄绿、较明亮	清香、微有栀子花香	尚甘醇、略涩	较嫩匀、有芽、黄绿
玉兰花红茶100	较紧结、略卷曲、较乌	橙红、尚明亮	较高甜、玉兰花香较浓郁、持久	较甘醇、微酸、玉兰花香显	软较匀、较红

浙江花茶窨制与品鉴
zhejiang huacha yinzhi yu pinjian

1. 桂花红茶 　　2. 桂花红茶 　　3. 桂花红茶 　　4. 桂花红茶 　　5. 桂花红茶

6. 桂花龙井 　　7. 桂花红茶 　　8. 桂花龙井 　　9. 桂花红茶 　　10. 桂花红茶

11. 桂花红茶 　　12. 桂花毛峰 　　13. 桂花龙井 　　14. 桂花红茶 　　15. 桂花红茶

17. 桂花红茶 　　18. 桂花红茶 　　19. 桂花红茶 　　20. 桂花乌龙 　　21. 桂花红茶

23. 桂花红茶 　　24. 桂花红茶 　　25. 桂花寿眉 　　28. 桂花红茶 　　45. 茉莉花茶

61. 茉莉红茶 　　64. 茉莉花茶 　　67. 栀子毛峰 　　68. 栀子绿茶 　　69. 栀子红茶

图5-3 花茶感官审评样品

5.1.2 花茶的感官审评方法

感官审评是评定花茶品质优劣的主要方法，也是目前普遍采用的方法，是审评人员运用视觉、嗅觉、味觉、触觉等对花茶感官品质因子进行综合分析和评价。

5.1.2.1 感官审评因子

花茶感官审评因子分外形、汤色、香气、滋味与叶底。外形审评形状、嫩度、色泽、整碎和净度；汤色审评色度、明暗度和清浊度；香气审评香气类型、鲜灵度、浓度、纯度和持久性；滋味审评浓度、醇涩、鲜爽度和汤中茶和花的调和味；叶底审评嫩度、色泽、明暗度和匀整度。

由于花茶是以茶坯（素茶、成品茶）为原料，经窨制后其茶叶的外形、汤色和叶底基本接近茶坯，因此可结合茶坯审评要素进行评价。具体以茉莉花茶审评为例：

（1）条索（形状和嫩度）：比细紧或粗松，比茶质轻重，比茶身圆扁、弯直，比有无锋苗及长秀短钝、有无毫芽等。评比时要注意鉴别细与瘦、壮与粗的差别，毫芽要肥壮不可与驻芽相混淆。

（2）色泽：比枯润、比匀杂、比颜色。要注意花茶经过窨制其颜色与绿茶对比应显得绿中泛黄。

（3）整碎：比上（面张茶）、中（中段茶）、下（下盘茶）三段茶的比例是否适当，比面张茶是否平伏和筛档的匀称情况，碎茶是否过多。以外形完整，长短匀齐，上中下三段匀称，下段茶片、末适当为好。

（4）净度：比梗、筋、片、籽等含量，以及非茶类夹杂物。

（5）汤色：比明亮程度。色泽黄亮或绿黄明亮为好。

（6）香气：比鲜灵度、比浓度、比纯度。以鲜灵度、浓度为主（鲜灵度、浓度各占40%，纯度占20%），鲜灵度为嗅之有茉莉鲜花香气，香气感觉愈明显愈敏锐表明鲜灵度愈好。浓度不但反映在香气浓重上，还反映在持久耐嗅和耐泡上。乍嗅尚香、二嗅香微、三嗅香尽表明浓度低。纯度是鉴评花香气是否纯正，是否杂有其他花香型的香气或其他气味，若香味里有浊闷味、水闷味、花蒂味、透素、透兰等则为不纯。

（7）滋味：比醇和、比鲜爽、比浓厚。花茶茶汤要求醇和而不苦不涩，鲜爽而不闷不浊。贵浓厚耐泡、不淡薄，忌显绿茶生青或涩味。

（8）叶底：嫩度和色泽比粗老肥嫩，比叶质硬挺柔软，以软嫩为佳。色泽比颜色、比亮暗、比匀杂，以黄绿匀亮为佳。

审评各级花茶应注意把握品质规格要求：一级要求鲜灵、浓厚、鲜爽，二级要求鲜浓、醇厚、较爽，三级要求较鲜浓、醇和、尚爽，四级要求尚浓、纯正，五级要求香弱、平和，六级要求香薄略透素，碎茶要求尚浓、尚嫩、纯正，茶芯要求尚浓、纯正，三角片要求香浮而透素。

5.1.2.2 评分方法

根据单项因子所得分数与该因子的评分系数相乘，并将各因子的乘积值相加，结果分值为该茶样的审评评分值。具体可根据花茶所用茶坯茶类，按GB/T 23776中对应茶类、级别的品质特征，结合花茶实际品质进行评分。以绿茶为茶坯的花茶，可参考表5-3进行评分。

第 5 章 花茶品质评价与品鉴

表5-3 花茶（绿茶茶坯）品质因子评分标准与系数

因子	级别	品质特征	给分	评分系数/%
外形	甲	造型有特色，原料嫩，尚嫩绿或嫩黄，油润，匀净度好	90～99	20
	乙	造型较有特色，原料较嫩，黄绿，较油润，尚匀整，净度较好	80～89	
	丙	造型特色不明显，原料嫩度稍低，色偏黄或黄褐，较匀整，净度尚好	70～79	
汤色	甲	嫩黄明亮或尚嫩绿明亮	90～99	5
	乙	黄明亮或黄绿明亮	80～89	
	丙	深褐或黄褐欠亮或混浊	70～79	
香气	甲	鲜灵，浓郁，纯正，持久	90～99	35
	乙	较鲜灵，较浓郁，较纯正，尚持久	80～89	
	丙	尚浓郁，尚鲜，纯正	70～79	
滋味	甲	甘醇或醇厚，鲜爽，花香明显	90～99	30
	乙	浓厚或较醇厚	80～89	
	丙	熟，浓涩，青涩	70～79	
叶底	甲	细嫩多芽或嫩厚多芽，黄绿明亮	90～99	10
	乙	嫩匀有芽，黄明亮	80～89	
	丙	尚嫩，黄明	70～79	

5.1.2.3 感官审评操作方法

花茶审评主要器具有：150 ml 精制茶评茶杯、240 ml 精制茶评茶碗、茶样盘、叶底盘、天平（电子秤）、计时器、茶匙、品茗杯等。部分审评器具及湿性审评台见图 5-4。

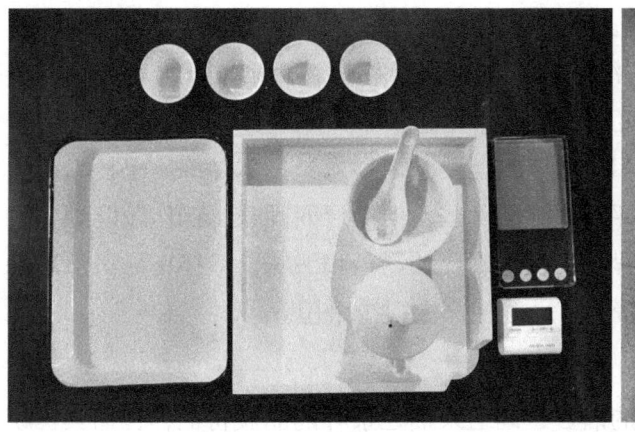

图5-4 部分审评器具（左）与湿性审评台（右）

外形审评采用目测、手感等方法。取有代表性茶样100~200g，置于评茶盘中，双手握样盘，用回旋筛转法将茶叶充分混和，使茶样按粗细、长短、大小、整碎顺序分层，并收于评茶盘中间，用目测、手感等方法，反复翻动、察看外形，再用"簸"的手法，将茶样在评茶盘中从内向外按形态呈现从大到小排布，分出上、中、下三档，再目测审评外形。

内质审评采用柱形杯审评法。审评时拣除评茶盘中茶样的花瓣、花萼、花蒂等花类夹杂物，然后将样盘内的样茶充分拌和均匀，用大拇指、中指、食指三个指头抓取有代表性茶样进行审评。目前普遍采用的审评方法有单杯审评和双杯审评，单杯审评可分一次冲泡和二次冲泡。

（1）单杯一次冲泡审评法，即取茶样3.0g，置于150ml精制茶评茶杯中，用100℃沸水冲泡5min，将茶汤沥入240ml的评茶碗中，依次审评汤色、香气和滋味，再将冲泡过的茶叶倒入叶底盘中审评叶底。

（2）单杯二次冲泡审评法，也是国标《茶叶感官审评方法》（GB/T 23776—2018）采用的审评法，即取茶样3.0g，置于150ml精制茶评茶杯中，用100℃沸水冲泡，加盖浸泡3min，将茶汤沥入240ml的评茶碗中，审评其汤色、香气（鲜灵度和纯度）、滋味；第二次再用100℃沸水冲泡5min，沥出茶汤，依次审评汤色、香气（浓度和持久性）、滋味，最后将冲泡过的茶叶倒入叶底盘中，审评叶底，并结合两次审评结果进行综合评价。

（3）双杯二次冲泡审评法，同一茶样取两份，同时冲泡，第一杯冲泡3min，第二杯冲泡5min。先评第一杯香气的鲜灵度，并进行第二次冲泡，时间5min。评第二杯茶汤的汤色、滋味和叶底。待第一杯第二次冲泡杯温稍冷，温嗅香气的浓度和纯度。

单杯一次冲泡法，相对简单，但要求审评人员技术熟练。单杯二次冲泡法相较一次冲泡法审评结果更准确些，但审评时间长，操作较麻烦，另两次冲泡茶汤色泽有差异，不能正确反映汤色和滋味。双杯审评虽然准确性更高，但操作繁琐，费时，一般生产中很少采用。

5.1.2.4 感官审评术语

审评术语是用简洁的语言、词组来描述茶叶的品质特征，包括其优缺点。目前只有等级绿茶坯花茶有国家级型坯标准，可参考执行，但该标准难以涵盖整个花茶之全貌。尽管花茶品类繁多，其外形基本上与所窨花茶的茶坯审评术语相同，香气和滋味主要以所用鲜花香型为基调进行描述，因此，国家级型坯标准对整个花茶仍具有很强的指导意义，以下是整理摘录的绿茶坯花茶常用术语：

（1）干茶外形。

细嫩：嫩度高，条索好，含有芽锋或多毫。

紧细：嫩度好，条索紧，细而不碎，芽毫多，锋苗显露或显毫尖，外表光润。

紧秀：嫩度好，条紧结圆直，芽毫多，锋苗好。

紧结：嫩度稍低于紧细，条索紧卷，身骨重实，有芽毫，有锋苗。

紧实：嫩度稍差，条索榄紧适中，有重实感，少锋苗。

重实：条索卷紧，叶质嫩而肥厚，身骨重，茶在手中有沉重感。

肥壮：叶质肥厚，条索壮实。

粗壮：条索粗大壮实，尚卷紧。

粗松：叶质粗老，条索粗大，紧卷度差。

卷曲：条索卷紧呈螺旋状。

平直：条索挺直，在样盘中旋转后，面张平伏。

扁平：扁形茶外形扁坦平直。

圆直：条索圆而挺直。

平伏：茶样在样盘中经筛转后，茶条互相紧贴，无翘起架空现象，但因茶叶短碎，平铺盘中，不是平伏。

弯曲：形似钩镰或弓状，与挺直相反。

断碎：条索欠完整而碎条多，形状钝短无锋，俗称"下脚茶重"。

短碎：条形茶的面张短小，碎茶（下段茶）含量多。

松碎：条索松，外形短碎。

轻飘：茶叶粗松，手感很轻，与重实相反。

脱节：面张和碎茶多，中段茶少，也称"脱档"。

匀齐：上、中、下三段茶比例适中，净度好。

（2）干茶色泽。

绿润：色绿而鲜活，有光泽。

黄绿：绿中泛黄，色泽欠润。

暗绿：青绿显暗，无光泽。

枯黄或暗黄：色泽黄而枯燥，暗而无光。

灰绿：绿中略呈灰色，少光泽。

灰黄：色黄带灰，无光泽。

灰暗：似陈茶色，色深暗带死灰色。

花杂：色泽杂乱不一致。

（3）汤色。

黄绿：绿中带黄。

绿黄：以黄为主，黄中泛绿。

浅黄：汤色黄而浅淡。

橙黄：汤色黄中微带红，似橘黄色。

深黄（暗黄）：汤色深暗无光泽。

清澈：清透，明亮。

明亮：茶汤清净透明。

红汤：褐色变红。

黄汤：汤色过黄而无绿色。

浅淡：汤色浅薄。

混浊：茶汤透明度差，有悬浮物。

（4）香气。

鲜灵：花香鲜显而高锐，一嗅即感。

馥郁：香气芬芳浓郁持久，沁人心脾。

鲜嫩：清鲜芬芳，有嫩香、毫香。

鲜爽：新鲜清朗。

清高：香高而清爽。

鲜薄：香气清淡，较稀薄。

浓厚：花香饱满持久，耐泡性好，但鲜花香不足。

板栗香：花香中夹有熟栗子香。

甜香：香高有甜感。纯正：花香、茶香纯正，无其他异杂气味。

幽香：花香幽雅文静，缓慢而持久。

香浮：花香浮于表面，一嗅即逝。
透兰：茉莉花茶中透露玉兰花香。
透素：花香薄弱，茶香突出。
青气：青草或青叶气息，如花蒂气味。
水闷气：不愉快的熟闷气。
低沉：香低不透发。
粗老：老叶的粗老气。
日晒气：一种青臭气息，亦称"日腥气"。
高火：似锅巴的香气。
老火：似烤锅巴的香气，程度高于高火。
焦气：似有食物烧焦的气息，程度高于老火。
陈气：陈化的气味。

（5）滋味。
鲜浓：清爽鲜活，内含物丰富。
鲜醇：有鲜活爽口、甘醇的味道。
浓厚：入口微苦后觉甘爽，富有刺激性。
醇厚：比浓厚刺激性弱些。
醇和：滋味清爽回甘，惟鲜味不足。也称"醇正""甜和"。
纯正：滋味较淡，但属正常，缺乏鲜味。
平淡：稍有花香味，滋味正常稍淡。
粗淡：原料粗老，味淡。
涩：入口有麻嘴厚舌的感觉。
苦：入口时觉得苦而后味更苦。
水味：一种淡水味。
闷熟味：较熟闷不清爽，犹如青菜闷熟，味软弱低闷。
异味：各种不正常的味道，如烟、焦、陈、霉等。

（6）叶底。
细嫩：叶质幼嫩柔软，芽头多。
匀齐：叶的大小、色泽、嫩度一致。
柔软：手压软绵无弹性。

嫩绿：鲜绿色带淡黄。

嫩黄：色浅绿透黄，亮度好。

黄绿：绿中带黄。

鲜亮：叶底色泽新鲜明亮。

明亮：新鲜有光泽，反之为枯暗。

暗绿：色绿暗，无光泽。

青暗：叶底深青而暗。

肥厚：芽叶肥壮丰满，反之为瘦薄。

花杂：色泽混杂不匀。

粗老：叶张粗大，叶质老，用手指按之有弹性，有触手感，筋脉显露。

开展：冲泡后叶片张开不卷缩。

卷缩：冲泡后，叶张仍卷缩成条。

红梗红叶：茎叶泛红。

短碎：叶张断碎或破碎较多。

焦斑：叶张的边缘或叶面、叶背有黑色或黄色的灼伤斑痕。

单张：即脱茎的单瓣叶子。

青张：夹杂青色叶片。

5.1.3　花茶感官品质的创新评价方法

感官审评可以快速、全面评定花茶品质特征，但该方法需要丰富的审评经验，且易受主客观因素影响，为弥补感官审评的局限性，应用现代科学仪器和技术手段在茶叶（花茶）品质评价中得到快速发展，创新的仪器评价方法应运而生。现简要介绍几种评价方法。

5.1.3.1　色泽品质评价创新方法

（1）视觉图像技术。计算机视觉图像处理技术是一种将计算机运用到图像处理的技术。由于计算机图像的精度优于人的视觉精度，对颜色和外形的变化较敏感，通过计算机视觉对茶叶色泽和外形特征进行提取处理，并建立茶叶品质评价的量化模型，可实现快速、精确、可量化的茶叶品质判定。

（2）可视化阵列传感技术。利用传感阵列上的敏感物质与茶叶中的目标化学物质反应后会产生光谱变化的特点，将传感阵列检测待测样本特征响应信号，通过信号识别处理系统，将分子识别信号转化为光学信号输出，并以图谱形式显示出来，实现检测可视化，通过分析图谱中阵列响应点数目和亮度，实现不同茶叶的特异性识别。

5.1.3.2 香气品质评价创新方法

（1）电子鼻技术。电子鼻技术是一种仿生嗅觉的新型检测仪器。根据仿生学原理模拟人的鼻子将样品中挥发性成分的整体信息按照感官的感觉，利用不同传感器进行识别。目前已广泛运用于食品、医药、农业等行业中。电子鼻技术在茶叶方面的应用主要集中在茶叶不同等级、不同加工工艺、不同产地等香气品质的鉴定与判别上。研究表明，电子鼻技术与模式识别技术、各种神经网络识别模型相结合，在茶叶香气物质的识别、区分及提高分类精度上具有可行性。

（2）气相色谱技术。气相色谱技术可以测定茶叶中挥发油、极性较小的成分或衍生化后的可挥发性成分，其与气质联用，可提供气相图谱中主要成分的化学结构信息，再结合香气指纹图谱，对各种茶叶色谱特征峰的聚类分析和相似度比较，从而建立香气信息库，用于茶叶品质评价。气相色谱—嗅觉测量技术在风味强度评价方面具有较强的优越性，其结合质谱技术可对香气成分进行定性与定量分析。不仅能分析样品化合物的组成，还能鉴别香气化合物的类别、香气强度及其对总体香气的贡献。

5.1.3.3 滋味品质评价创新方法

（1）电子舌技术。电子舌（Electronic tongue）是模仿人体味觉机理研制出来的，通过软件对数据进行处理分析并对不同物质进行模式识别，得出不同物质的感官信息。近年来，电子舌已大量运用于食品科学技术中，如对酒、饮料、茶等味觉检测与鉴定中，具有无须前处理、快速、实时等特点。将电子舌技术用于茶叶产区、种类及等级判别的研究已成为仪器化表征的一种趋势，为茶叶品质客观化快速评价提供了理论依据与参考。

（2）近红外光谱法。通过近红外光谱可记录含氢基团的倍频、合频以

及差频的叠加吸收信息，由此可获取茶叶中品质成分茶多酚、蛋白质、氨基酸等各种含氢基团信息，结合适宜的化学计量方法，建立相关数学模型进行定性和定量测定。研究表明，该方法与感官审评结果和传统理化分析相结合，能较好地进行茶叶品质的判别与评价。

5.1.3.4 其他评价方法

（1）模糊数学法。模糊数学法是利用精确的数学方法对被评价产品的隶属等级情况进行综合评价的一种评判方法。目前传统茶叶感官审评方法普遍采用评分法，针对茶叶的外形、香气、滋味、汤色、叶底各指标的权重进行加权平均，从而得到对茶叶的总体分值，模糊数学法则是综合考虑影响感官品质的多种因素甚至多个水平，使得评价结果更为准确科学。在配方优化、饮用条件优化等方面得到了广泛的应用。

（2）定量描述分析。为了弥补风味剖面法和质地剖面法的不足，20世纪70年代早期形成了定量描述分析法（QDA），该方法通过建立感官评价小组，训练评价人员形成一套术语、词语定义和参比标准等用以描述产品之间的差异，经由小组讨论最终确定具有代表性的描述词；在知觉的强度基础上，使用非线性或线性标度对产品进行评价，得到一系列产品感官特性的强度。目前已经广泛运用于食品的分析、研发之中，如绿茶的滋味、红曲黄酒的风味、酸奶的整体风味特征等。

（3）选择合适项目法。为了适应茶叶消费市场的快速变化，选择合适项目法作为一种快速感官描述方法逐渐应用在茶叶评价体系中，是以消费者代替专业感官评价员的一种快速描述分析方法，对待评价的产品提供适当的感官属性词和情绪描述词让消费者进行勾选，不需要专业的培训和维护且能够快速获得感官剖面，可以节约大量成本和时间。通过结合感官描述词分析和喜好性分析，可以方便快捷地研究产品以及消费者情绪，以及消费者市场的接受程度。

（4）成对偏爱检验。成对偏爱检验是成对比较检验方法在消费者偏爱性测试上的应用。检验时，以随机顺序同时提供给消费者两个样品，要求消费者从中选出更喜欢的样品，包括"必选"和"非必选"两种方法，统计回答个数进行数据分析。

（5）接受性检验。接受性检验是利用快感标度对某个产品的喜好程度进行的测量，其假设消费者的偏爱是连续一体的，进而在喜欢和不喜欢的基础上对偏爱的回答进行细分，常用9点快感标度或最适标度。测试时，给消费者提供两个或者多个样品，要求消费者根据其对样品整体感官品质或者某种感官属性的接受程度进行感官评价。

茶叶感官评价是连接产品和消费者之间的桥梁，能帮助评价员了解产品的感官特性以及了解消费者的需求和喜好，对于产品的研发、生产、消费过程具有重要的指导意义。目前茶叶感官评价领域已经成功应用了多种科学的感官评价方法，但仍需研究人员继续发展、不断完善茶叶感官评价体系，建立更客观有效的感官评价标准，以促进行业发展。

5.2 花茶冲泡与品鉴

5.2.1 花茶冲泡与品鉴要求

（1）泡茶场所。泡茶品鉴讲究环境和氛围，无论是在经营性茶室、茶楼、茶坊、茶艺馆等，还是在居家生活中的会客厅，甚至野外场所等非经营场所，都要求光线柔和、清静、整洁、无异味。还可以布置赏心悦目的美景，配上悦耳的音乐，在清雅、悦目的氛围中享受品茶的乐趣。

（2）泡茶器具。常用的花茶泡茶器具主要有盖碗、玻璃杯、瓷壶、品茗杯、烧水炉、烧水壶、茶盘、公道杯等。辅助器具有：电子秤、茶荷、茶漏、茶巾、茶托、茶匙、茶镊等。容量以盖碗150 ml、玻璃杯150~200 ml、茶壶200~250 ml、品茗杯30~50 ml等为宜，分杯品饮的可根据人数选择相应容量的盖碗和茶壶。建议选用优质的陶瓷或玻璃茶具，优质茶具质地细腻，保温性能良好，能够更好地展现花茶的色泽和香气。品茗杯材质与盖碗、茶壶相配，内壁以白色为佳。玻璃杯要求透明度高，洁净无瑕。

（3）泡茶用水。好茶用好水，古人对泡茶用水的选择，一是甘而洁，二是活而鲜，三是贮水得法；现代科学水质要求泡茶用水要符合卫生饮用水的水质标准；茶叶和水的关系密切，从口味角度，泡茶用水应选软水，或者选暂时性硬水，即这种硬水经高温煮沸，硬度会降低，变成软水。用软水泡茶，汤色明亮，香高味醇，用硬水泡茶，则汤色会变深，鲜爽味变差。另外，水质要干净，不含杂质和异味，这样的水能够更好地展现花茶的香气和口感。品鉴用水以选择纯净水或矿泉水为好。

5.2.2 花茶冲泡方式

由于花茶大都是绿茶、红茶、乌龙茶等窨花而成，所以在品饮方法上与这些茶类有共同之处，根据冲泡方式不同，分为直接品饮（玻璃杯、盖碗冲泡）和分杯品饮（盖碗、瓷壶冲泡）。瓷壶冲泡部分器具见图5-5。

图5-5 分杯品饮（瓷壶冲泡）部分器具

直接品饮一般选择玻璃杯冲泡，以满足欣赏茶叶精美别致的造型之要求，如冲泡特级茉莉毛峰时，可欣赏毛峰芽叶徐徐展开，朵朵直立，上下沉浮，栩栩如生的景象，别有一番趣味。泡茶用量根据杯具大小和饮茶者的习惯而定。通常茶水比例掌握在1:(70~100)，即3g左右茶叶，加水200~300ml。盖碗冲泡也是花茶直接品饮的主要方式，四川人品饮花茶常用盖碗冲泡法，每人一套盖碗泡茶，边饮边品，悠悠自得，其乐无穷。无论是成都、重庆等都市茶馆还是乡邻待客都常用这种冲泡方式，既便捷又能将花茶的品质完全发挥出来，且适用于所有类型花茶的冲泡。泡好后，揭开杯盖，闻其香，鲜灵浓纯，顿觉芳香扑鼻。再尝其味，花香茶味，令精神清爽，心旷神怡。

直接品饮法（玻璃杯、盖碗冲泡）冲泡流程及方法：

（1）冲泡流程：备具→备茶→备水→投茶→润茶→冲泡→品饮→续水→看叶底。

（2）备器。泡茶前须将所有器具准备齐全，并将主要冲泡器具玻璃杯（或盖碗）清洗干净，去除可能残留的污渍和异味。清洗茶具时，可以使用温和的洗涤剂和清水，然后用柔软的布擦拭干净。

（3）备茶。准备好待泡的茶叶，要用合适的包装材料密封，以防花香散失。

（4）备水。将水烧至沸腾备用，也可将沸水冲入热水瓶备用。

（5）投茶。投茶前先用100℃水烫杯，将事先根据茶水比例和玻璃杯容量计算的用茶量放入玻璃杯中。

（6）润茶。向放有茶叶的玻璃杯中倒入少量沸水，水量为总水量的1/4左右，浸润茶叶，轻轻摇动杯体，直至芽叶舒展，时间为20~60 s。

（7）冲泡。继续向玻璃杯中倒水至七八分满（盖碗冲水至碗沿弯处）。

（8）品饮。依个人喜好适时进行饮用品尝。

（9）续水。当喝至杯中还剩1/3左右茶汤时再加入开水二次冲泡，第三次冲泡同前，这样可使茶汤浓度前后比较均匀一致。

分杯品饮一般以盖碗冲泡为主。通常茶水比例掌握在1:(30~50)，即5 g左右茶叶，加水150~250 ml。也有采用瓷壶泡法，将茶汤分斟各杯，可观汤色，闻花香，既清洁，又雅致。采用一壶多杯分饮法是北方居家品饮花茶常用方法，具有方便卫生的特点。

分杯品饮法（盖碗冲泡）冲泡流程及方法

（1）冲泡流程：备器→备茶→备水→温杯→投茶→冲泡→出汤→分茶→奉茶→品茶→再冲泡。

（2）备器。泡茶前须根据要求将所有器具准备齐全，并将主要冲泡器具（瓷质盖碗、公道杯、品茗杯）清洗干净，去除可能残留的污渍和异味。清洗茶具时，可以使用温和的洗涤剂和清水，然后用柔软的布擦拭干净。器具按观赏性设计要求摆放好。

（3）备茶。准备好待泡的茶叶，要用合适的包装材料密封，以防花香散失。

（4）备水。将水烧至沸腾备用，并将沸水冲入公道杯中按需要降温备用。

（5）温杯。用100℃沸水烫洗盖碗、公道杯、品茗杯等冲泡器具。

（6）投茶。将事先根据茶水比例和盖碗容量计算的用茶量放入盖碗中。

（7）冲泡。根据所需水温，向盖碗中倒入适宜温度的水，充满盖碗并计时。

（8）出汤。计时结束后，即将茶汤沥出至公道杯中。

（9）分茶。将公道杯中的茶汤斟入各品茗杯中。

（10）奉茶。品茗杯杯底如沾上茶水，需先用茶巾擦拭干净，放置在茶托上奉给各位品饮者。

（11）品茶。品饮者先嗅闻茶汤，体会茶叶香气，再轻啜小口茶汤，体会茶汤滋味。

（12）再冲泡。续水再冲泡，重复冲泡、出汤、分茶、奉茶、品茶等流程。

泡茶水温，一般掌握在90~100℃，高档花茶水温可低些，中低档花茶水温可高些。分杯品饮的，冲泡时间以茶汤浓度适合饮用者的口味为标准，同时要考虑原料老嫩、冲泡次数，细嫩花茶时间宜短，一般第一泡冲泡时间为15~30s，后一泡冲泡时间在前一泡基础上增加5s，以2~3泡为宜。

5.2.3 花茶冲泡与品鉴方法

5.2.3.1 直接品饮法品鉴流程及方法

（1）品鉴流程：赏干茶→闻杯香→观汤色→看叶态→品滋味。

（2）赏干茶。投茶前先赏干茶，用茶匙取适量花茶置于茶荷（茶盘）中，欣赏干茶外形、色泽，嗅闻干茶香气。如级形绿茶坯窨制的茉莉花茶外形条索紧结，色泽绿黄润。用名优茶窨制的花茶，则外形千姿百态，形状、色泽根据窨制茶坯的茶类不同各有不同。如茉莉银针单芽肥壮多毫，色泽洁白；茉莉龙井，扁平挺直，深黄绿润；桂花红茶条索紧结，乌润。

（3）闻杯香。玻璃杯冲泡用100℃水烫杯投茶后，嗅干茶香气，润茶至芽叶舒展，嗅闻杯中茶叶香气，品饮时再嗅闻杯中茶叶香气。玻璃杯冲泡闻香，左手持茶托，右手扶杯，观赏杯中汤色和舞动舒展的茶叶，再慢慢靠近杯口嗅闻香气。盖碗冲泡闻香，左手持茶托，右手稍推移杯盖，徐徐吸气，嗅闻茶香。香气以鲜灵、浓郁、纯正为佳，老火、闷浊、异气味为劣。

（4）观汤色。玻璃杯冲泡，直接观察。盖碗冲泡，用杯盖沿轻轻拨开茶叶，观赏杯中汤色，汤色以黄绿、浅黄、清澈明亮为佳，发暗或泛红为劣。

（5）尝滋味。唇触杯（盖碗）边沿轻啜小口茶汤，让茶汤与口腔充分接触，细细感受茶汤的鲜度、浓度和纯度，领略花茶饮后齿颊留香的独特韵味。滋味以鲜爽、醇厚为佳，淡薄、青涩为次。

（6）看叶底。续水续品2~3次后，察看茶叶叶底。叶底以嫩绿、黄绿、匀齐软亮为佳，硬挺、花杂为次，发暗或红变为劣。

5.2.3.2 分杯品饮法品鉴流程及方法

（1）品鉴流程：赏干茶→观汤色→品滋味→闻杯香→看叶底。

（2）赏干茶。用茶匙取适量花茶置于茶荷（茶盘）中，欣赏干茶外形、色泽、匀净度。如级形绿茶坯窨制的茉莉花茶外形条索紧结，色泽绿黄润。用名优茶窨制的花茶，则外形千姿百态，形状、色泽根据窨制茶坯的茶类不同各有不同。如茉莉银针单芽肥壮多毫，色泽洁白；茉莉龙井，扁平挺直，深黄绿润；桂花红茶条索紧结，乌润。

（3）观汤色。茶汤沥出到入公道杯后，观公道杯中茶汤色泽，绿茶坯汤色以黄绿、浅黄、清澈明亮为佳，发暗或泛红为劣。红茶坯以橙红、明亮为好。

（4）品滋味。轻啜小口茶汤，在口腔中停留片刻，让茶汤与口腔充分接触，细细感受茶汤的鲜度、浓度和纯度，领略花茶饮后齿颊留香的独特韵味。滋味以鲜爽、醇厚为佳，淡薄、青涩为次。

（5）闻杯香。嗅闻品茗杯中的香气。香气以鲜灵、浓郁、纯正为佳，老火、闷浊、异气味为劣。

（6）看叶底。续水续品2~3次后，将茶叶倒入叶底盘，鉴赏茶叶叶底的嫩度、形态、色泽和匀齐度。绿茶坯叶底以嫩绿、黄绿、匀齐软亮为佳，硬挺、花杂为次，发暗或红变为劣。红茶坯以嫩匀红亮为红。

5.2.4 花茶品饮佐食

品饮花茶，嗅闻天然的花香，如置身花丛之中，享受田园乐趣，它融茶之韵与花之香于一体，使花香茶味珠联璧合，相得益彰。如果在品饮花茶的同时，再搭配一些佐食，常会有意想不到的效果。

（1）花茶与甜点搭配。花茶的花香与甜点的甜蜜口感相得益彰。在品尝茉莉花茶时，可以搭配一些口感细腻的西式甜点，如蛋糕、慕斯等，让甜蜜与花香充斥味蕾，感受味觉碰撞。花茶与中式点心的搭配更能体现中国传统文化的韵味。在品尝花茶时，可以搭配一些经典的中式点心，如绿豆糕、酥饼等，让茶香与点心香相互交融，共同演绎一场味蕾的盛宴。

（2）花茶与水果搭配。花茶的香气可以与水果的清新口感相互融合。在品尝花茶时，可以搭配一些时令水果，如草莓、蓝莓等，让水果的酸甜与茉莉花茶的甘爽相互映衬，带来全新的味觉体验。

第6章 花茶衍生产品

茶叶深加工主要指以各类茶为原料,通过应用生物化学、食品、制剂等领域的技术与加工工艺,将茶的有效成分应用于食品、日化、工业等领域的过程。茶叶深加工不仅可以丰富花茶产品的品类,还提升了花茶产品的附加值,是资源高效利用、产业链延伸的重要途径。

我国花茶深加工的发展历程主要分为三个阶段:以研究速溶茶系列产品提制技术为主的起步期、聚焦茶叶功能成分提取分离纯化技术的发展期和以茶叶提取物为原料进行深加工终端产品开发的跨越期。

20世纪60年代初,以福州进出口商品检验局成功试制冷冻干燥型速溶茶为标志,我国茶叶深加工进入起步期。速溶茶的提制工艺主要包括原料处理、浸提、净化、过滤、转溶、浓缩、干燥、包装等工序。进入70年代后,上海工业微生物研究所、湖南农学院、湖南长沙茶厂、中国农业科学院茶叶研究所先后开展了速溶茶的研制工作,并实现了速溶茶的批量生产和出口。

20世纪80年代中后期,在国际上茶与健康研究成果的驱动下,我国茶叶深加工开始从速溶茶向茶叶功能成分的分离纯化领域拓展,并迅速成为茶叶科学研究的热点领域,进入发展期。在此期间,茶叶功能成分的制备技术体系逐步形成,实现了茶多酚、咖啡因、茶皂素、儿茶素单体、茶黄素、茶氨酸以及茶多糖的成功制备。进入90年代,茶多酚的分离纯化主要采用溶剂萃取法,尽管茶叶深加工产业有了较快的发展,但所使用的技术仍不够成熟,存在产品回收率和纯度不高、存在溶剂和金属离子残留等问题。

进入21世纪后,由于技术和装备的飞速发展,茶叶深加工迈入跨越期。冷冻干燥、大孔吸附树脂、逆流色谱、MVR浓缩、膜分离、超临界萃取等现代分离纯化技术进一步成熟,茶叶功能成分分离纯化的效率大幅提高,生产成本逐步降低,产品品质也有很好的提升。这些深加工产品被应用于终端产品的开发,如烘焙类食品、糖果、饮料、洗涤用品、清洁用品、化妆用品等的生产加工中,实现了产品的多元化发展。

花茶不仅具有独特的香味,还具有抗氧化、降糖、降脂、抗炎、抗抑郁等健康功效,因此,花茶深加工产品深受消费者喜爱。目前,人们注重食品的健康和多元化,花茶烘焙类食品因其独特风味和功能性越来越引起消费者的关注,各色花茶面包、花茶饼干、花茶蛋糕层出不穷。花茶糖果结合花茶的花香与糖果的甜,兼具外形美观、清鲜香醇等特点;花茶面条则利用了花茶的颜色和风味,丰富了面条的种类。

花茶饮料是指以花茶的萃取液、浓缩液、速溶茶粉为主要原料加工而成的饮料,含有茶多酚、咖啡因等茶叶有效成分,具有花茶的独特风味。花茶饮料在护色、保质、保香、防沉淀等技术取得突破,通过酶工程、非热杀菌、膜分离、无菌灌装、香气回收等技术的应用,形成了保持花茶原汁原味的花茶饮料。近年来,新中式茶饮异军突起,持续不断地吸引年轻人,花茶在其中扮演着举足轻重的角色。新中式茶饮选用优质的花茶原料作为基底,添加奶油、鲜奶、谷物以及各类水果、花草,给予了消费者视觉、味觉、嗅觉上的多重享受。

花茶提取物中含有的茶多酚具有除异味、抗氧化、抗炎抑菌的作用,茶皂素具有良好的去污起泡、乳化以及抗菌效果,是良好的清洁剂与表面活性剂。花茶本身拥有独特的香气,在洗涤产品和清洁用品中添加花茶提取物,在增强产品清洁能力的同时赋予了产品怡人的香气,满足了消费者对清洁能力和香气的双重需求。花茶的深加工产品丰富了清洁产品的种类,目前市场上常见的花茶洗涤和清洁用品包括洗洁精、牙膏、漱口水、洗发水、沐浴露、洗手液、香皂等;还衍生出以花茶为基底的护眼、护颈深加工产品(图6-1)。

随着茶叶深加工的发展,分离纯化得到的茶叶有效成分的功能被一一探明。茶多酚中含有大量酚羟基,是良好的保湿剂,能有效保持皮肤水分，防止皮肤干裂，同时还具有很好的抗氧化和清除自由基能力，有利于延缓皮肤衰老；此外茶多糖可在皮肤表面形成膜状结构，减少表皮水分蒸发，起到保水作用；茶叶中含有的氨基酸因其结构中的氨基和羧基，也是良好的持水剂。因此，花茶中的有效成分可以成为化妆品的优质原料，功效明显、来源天然、绿色安全。

图6-1　茶仕利茉莉白毫蒸汽眼罩和玫瑰红茶护颈贴

目前，我国茶叶深加工产业规模达到1 500多亿元，花茶深加工作为茶叶深加工领域的重要组成部分，潜力巨大。随着经济社会的发展和人民生活水平的提高，我国消费者对产品的需求越来越向健康化、功能化和个性化发展。花茶原料具有安全性、功能性、特色性的特征，其深加工产品能较好地满足消费者需求。但目前的花茶深加工产业仍面临许多挑战。例如，将花茶加工成茶饮料，它的天然营养和风味品质容易劣变，需要进行高保真制造与保鲜技术的研究来支撑更优质的产品；花茶提取物的安全性受到农药残留以及提取时溶剂残留的影响，需要将绿色提制工艺以及高效安全的农药与溶剂残留脱除技术作为研发重点。因此，花茶深加工的发展仍需要技术创新的支撑，实现高附加值的功能性终端产品的开发，达到高效利用茶资源、延伸茶产业链的目的。

6.1 花茶在食品领域中的应用

6.1.1 米面食品

6.1.1.1 花茶米面食品的快速发展

近年来，米面食品的种类逐年增多，人们开始注意食品的多元化和健康，茶叶食品，特别是米面食品（烘焙类食品、面条），在茶叶行业供需缺口方面发挥着重要作用。随着花茶在人们生活中的流行，消费者对含有花茶提取物的米面产品也越来越感兴趣。花茶提取物可以添加到各种食品中，如面包、面条、蛋糕和饼干，当花茶粉、花茶汁或花茶提取物与谷物混合后，经过加工，就得到了花茶米面食品。

在过去的10年间，茶烘焙食品行业快速发展，花茶烘焙食品的消费量迅速增加，并占据了一定的市场份额。如今，中国的茶叶、面包等烘焙食品的数量和种类都高于美国和欧洲，加工技术也相对完善。因此，花茶烘焙食品的加工工艺研究和配方设计都取得了较大进展。根据加工工艺，花茶烘焙食品可分为花茶面包、花茶蛋糕、花茶饼干、花茶面条，前三种较为常见，至于花茶面条，由于市面上的面条品种较单一，专业细分少，因此有人将花茶加入面条一起食用。常见的花茶面有两种做法，一种是属于日式茶泡食，即将花茶泡好冷藏，面条煮熟后捞出过冷水，再加入配菜、调料、花茶汤汁混合均匀。食材处理和制作方法都非常简单，没有过重的烹饪，保留着食材最天然的风味。另外一种则是将花茶提取物直接加入面团，使面条具有花茶的颜色和风味，纯天然、无色素、零添加，兼顾营养与健康。

6.1.1.2 花茶米面食品的健康功效

花茶米面产品由花茶提取物、蛋白质、糖、面粉、油、鸡蛋、牛奶、盐、酵母、泡打粉和水胶体等制成。这些新型食品不仅能提供营养，还能将食物和花茶的味道结合起来，满足了消费者的感官需求。相比于传统的米面食品，花茶米面食品在营养特性、保健功效、原料性能、安全性等方面更胜一筹。

传统的米面食品含有更多的脂肪和卡路里，不能满足低脂、低热量和健康特性的要求，不利于肥胖者。而花茶米面食品不仅将米面食品的传统风味与花茶的味道结合在一起，同时还兼具花茶的健康功能。天然的花茶提取物成分具有降脂减肥的功能性，还能促进血液循环、预防帕金森病等。研究发现，当茶提取物的添加量为1.0%~2.0%时对面条的烹饪质量影响不大，并且有助于提高面条的总酚含量、DPPH自由基清除活性和抗性淀粉含量。此外，花茶中的有效成分茶多酚，可以与可溶性膳食纤维——β-葡聚糖结合，形成一个"物理屏障"来阻止淀粉和α-淀粉酶的相互作用，对淀粉消化率的抑制作用有助于控制淀粉类食物的血糖指数，茶多酚和β-葡聚糖未经消化进入大肠，可被大肠中的微生物代谢成对人类健康有积极作用和影响的短链脂肪酸，如丙酸和丁酸。

花茶的添加还能改善米面食品的原料性能。花茶粉的添加显著改善了面包的品质，增强保健功效。例如，桂花红茶粉的加入量对面包的质地有显著影响，主要成分儿茶素使面包的硬度增加、弹性降低，抗氧化活性增加。此外，儿茶素还可改变面团的流变性能和面包的品质。研究发现茶粉对小麦粉加工特性具有显著影响，添加茶粉不仅可以促进面筋的形成及稳定，尤其是对低筋小麦粉品质改善效果最明显，而且对面团的机械耐受能力略有提高。

就安全性而言，众所周知，丙烯酰胺是一种有毒的潜在致癌化合物，形成于120℃以上的淀粉类食品加工过程中。科学研究表明，添加可溶性膳食纤维和茶多酚对烘烤淀粉基质中丙烯酰胺的形成有抑制作用。因此，可以在产品中适当花茶及其功能性成分用于开发更健康的淀粉食品。

花茶食品满足了现代人对多样化、个性化、时尚化食品的消费追求，花茶米面食品也越来越受欢迎，尤其是在中国，人们热衷于其特殊的风味和口感，以及独特的保健功效，花茶米面食品的消费者会越来越多，其市场需求也将越来越大。

6.1.2 糖果

6.1.2.1 糖果的性质与特点

糖果是以食糖或糖浆或甜味剂等为主要原料，经相关工艺制成的甜味食品。糖果可分为硬质糖果、硬质夹心糖果、乳脂糖果、凝胶糖果、抛光糖果、胶基糖果、充气糖果和压片糖果等。

茶叶糖果的加工一般是利用糖果工业的设备和工艺，根据糖果类型的不同，将茶及茶叶提取物与糖、奶、果汁、巧克力、淀粉、维生素及带有保健性的植物添加剂等的全部或部分混合在一起进行加工。我国早在20世纪80年代初期就开始了茶叶糖果的研制和生产，之后随着食品加工技术的不断发展和人们消费习惯的改变，具有保健功能和良好口感的茶叶糖果逐渐为人们所接受。花色种类日益增多，成为接待宾朋、旅游休闲的大众化食品。花茶糖果具有外形美观、色泽艳丽、食之甜而不腻、软硬适中、清鲜香醇等独特风味及良好的韧性和弹性，使人们在品尝糖果的同时又能享受到花茶的香气、滋味及保健作用。

目前，全国各地生产的茶叶糖果类别众多，如牛轧糖、奶糖夹心糖、糖饴、巧克力和颗粒硬糖等。花茶糖果兼具糖果的甜与花茶的花香，便于携带及食用，深受年轻人的喜爱。

6.1.2.2 （花）茶在现代糖果行业中的应用

随着现代社会科技和经济的发展，人们的健康观念不断改变，对糖果的营养作用越来越重视，也带动糖果产业向功能化和休闲化方向发展。

在健康化的浪潮下，大众往往谈"糖"色变，使得高"糖"食品遭到了前所未有的抵触，糖果市场自然也受到了波及。从消费趋势来看，在健康、减糖等概念下，传统糖果的日常需求量逐渐减小。据中国产业信息网发布的数据显示，2017年，我国糖果产量为331万吨，较2016年的352万吨下降了6%；2018年，我国糖果产量下降到288万吨，产量继续减少；2019年，糖果产量回升至329.8万吨。截至2020年10月，中国糖果产量为230.7万吨，同比下降了8.69%。近年来，糖果巧克力生产企业纷纷谋求变革、推出新品，在产品创新方面朝着个性化、年轻化、功能化方向发展，以切实行动应对多元化的消费需求以及日新月异的消费市场，也有越来越多的品牌开始将茶融入产品，在产品的口味、风味、主打的卖点做着尝试和创新。系列茉莉花茶糖果（图6-2）、桂花红茶爽口糖果也相继推向市场，受到消费者的广泛好评。

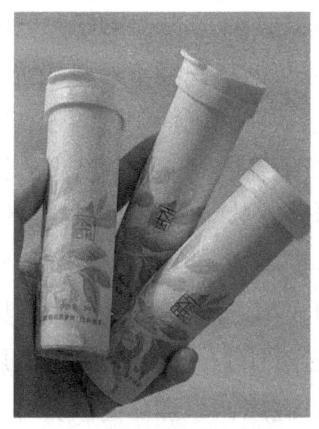

图6-2 茉莉花茶茶爽（左）和茉莉茶萃（右）

同时，越来越多的新茶饮品牌在现制茶饮的产品线基础上，积极开拓产品的多样化，期望满足当下消费者对自主动手、便携快捷的追求，如新式茶饮品牌推出了"可茶可糖"的什锦茶糖、茶糕糖、茶味巧克力。茶糖成为茶在当今的一个新的转换，是人们的需求，更是时代的产物。茶被广泛应用于压片糖果加工中，不仅满足了消费者对绿色食品的需求，让既爱喝茶又爱吃甜食的消费者感受到茶与糖互相融合的独特风味，而且具有营养和保健的综合作用，具有广阔的市场前景。

6.1.3 饮料

6.1.3.1 花茶饮料概念及特点

花茶（类）饮料指以花茶或花茶的水提取液或其浓缩液、花茶粉（包括速溶茶粉、研磨茶粉），添加或不添加食品原辅料和（或）食品添加剂，经加工制成的液体或固体饮料，如花茶浓缩液、花茶饮料、果汁花茶饮料、复（混）合茶饮料、其他花茶饮料等。

6.1.3.2 花茶饮料发展现状

目前我国茶饮料市场的几个主流品牌有：农夫山泉、娃哈哈、康师傅、统一、维他奶、三得利等。其中康师傅、统一、娃哈哈三个品牌都以传统的冰红茶、绿茶、柠檬茶为主要产品。1995年上市的统一冰红茶和1996年上市的康师傅冰红茶自上市以来长期占据茶饮料市场，至今依然在茶饮料市场有着举足轻重的位置。因此，茶饮料市场在近几十年中一直以"冰红茶"这类甜味饮料为主占据茶饮料的主要市场。但随着市场的发展，消费者理念的转变，传统的甜味茶饮料已经不再是消费者购买茶饮料的首选，取而代之的是新型的果味茶饮料、无糖茶饮料和花茶饮料逐渐进入了人们视野，更健康、更时尚的新型茶饮料成为消费者的新宠。

无论是瓶装花茶饮料，还是杯装固体花茶、现调花茶饮料，其目标消费者都是年轻一代的消费者。由于千禧一代消费者的特性，从而促使食品和饮料市场和消费发生巨大的变革，出现新的消费趋势。如纯净的饮料——清洁标签，可持续生产，自然加工、透明性，品味新体验、多样性，无任何添加和非转基因，低糖、健康、添加功能成分等。新的消费趋势迫使食品和饮料公司进一步创新，以迎合和引领市场。

目前，茶饮料已成为三大软饮料之一，2019年在软饮料中市场份额为21.1%，排名第二。新式茶饮以其趣味性、时尚感、参与感、体验感、健康便捷、口感优良且多样等特征受到了广大年轻消费群体的普遍欢迎。茶饮料作为健康绿色的饮品，在现代消费者愈加重视身体健康的背景下，在近些年得到了迅速的发展，各类品牌的茶饮料如雨后春笋般竞相涌现，其中也有不少花茶饮料。

6.1.3.3　花茶饮料的开发应用

随着消费者健康意识的提升和对高品质生活的追求，茶饮料作为天然、健康的饮品选择，其市场需求将持续扩大。英敏特报告显示，2023年我国茶饮料（包括RTD茶饮料和现制茶饮料）市场规模已经突破3 000亿元，花茶饮料因为满足消费者健康和美味的双重需求，一直来深受市场青睐。

（1）RTD花茶饮料。2005年康师傅率先推出茉莉清茶（图6-3左），"花清香、茶新味"的全新诉求，在不到一年的时间里，康师傅茉莉清茶以其"清新，优雅，惬意"的独特气质，逐步引领了国内茶饮料的发展趋势。

2011年，农夫山泉推出无糖茶饮料——东方树叶（图6-3右），以"0糖、0卡、0脂、0香精"进入市场，茉莉花茶就是主打款，2022年凭借50%的增长率，东方树叶成为国内无糖茶品类市场占有率第一的品牌。

第 6 章 花茶衍生产品

图6-3 康师傅茉莉花茶（左）与东方树叶茉莉花茶（右）

2022年后，RTD茶饮料市场除了伊藤园（图6-4左）、康师傅、农夫山泉这些老品牌外，涌现出一批果子熟了（图6-4中）、元气森林（图6-4右）让茶、茶小开、别样泡泡、李小艾等新锐品牌，以茉莉白茶、栀子乌龙、桂花红茶等为原料的花茶饮料占无糖茶饮料市场15%以上份额。2023年，伊利推出了中国首款旋盖式现泡茶饮品——伊刻活泉现泡茶，其中一款就是茉莉花茶。

图6-4 伊藤园茉莉白茶（左）、果子熟了栀子乌龙（中）与元气森林栀子白茶（右）

2024年7月，三得利全新推出了栀意乌龙，继茉莉乌龙、橘皮乌龙等经典产品之后，为品牌旗下醇厚经典的乌龙系列注入了新的活力。其清新而富有层次的风味，让人在品尝的过程中不禁陶醉其中，享受那份简约而不简单的生活品质。

（2）现制花茶饮料。花茶在新式茶饮中的应用越来越广泛，成为健康养生和时尚消费的新选择，目前以茉莉花茶、栀子花茶、桂花茶为代表的花茶在现制茶饮料中应用量达10万吨。在现制茶饮料制作中，可以通过技术创新和口味创新，与水果、奶等搭配提升花茶的饮用体验（图6-5）。

图6-5 以花茶为基底的现制茶饮品

茉莉花茶因其清新的花香和鲜爽的茶味，深受消费者的喜爱，成为新式茶饮中最常用的基底茶，主要应用于水果茶、奶茶等饮品。在新式茶饮代表品牌中，以茉莉花茶为基底茶的产品在喜茶中占比高达72%，在奈雪的茶中占比49%，在霸王茶姬和茶颜悦色中占比也为第一，茉莉花茶在新式茶饮基底茶的发展历程中一直处于领军地位。茉莉花茶之所以受到新式茶饮品牌的青睐，主要原因包括：

①茶叶品质稳定。新式茶饮行业对基底茶的需求量大，而茉莉花茶因其产量大、品质稳定、质量安全可靠，成为理想的基底茶选择。

②风味搭配度好。茉莉花茶的内含物质丰富，滋味浓厚，独特香气，与新式茶饮对茶叶内质的要求契合度高。

③原料性价比高。茉莉花茶的高性价比，使它在追求高品质的同时，有效控制成本，满足了新式茶饮品牌在市场上的定位需求。

2024年，现制茶饮正在升级"无香精茶"，继花香型茶饮霸主"茉莉花"后，桂花茶饮、栀子花茶饮成为茶底界的"新宠"，其香味辨识度高、香味持久、差异化明显，融合自身特点与时尚潮流于一体，被奈雪的茶、霸王茶姬、古茗、喜茶、茶颜悦色等品牌开发成相应的茶饮产品。

（3）花茶袋泡茶（图6-6）、胶囊茶和速溶茶（茶浓缩汁）。

袋泡茶、胶囊茶、速溶茶（茶浓缩汁）因时尚、便捷、健康等特性，以花茶风果味为主，备受年轻消费者喜欢。据英敏特估算，2022年此类茶饮市场销售额在200亿元左右。

市场上表现突出的袋泡茶品牌有茶里、奈雪的茶、茶颜悦色、伊藤园、艺佰等。CHALI茶里已形成良好的品牌认知和影响力，成为中国茶行业（袋泡茶）新零售标杆，累计销售超过10亿袋。胶囊茶有Dr.Drinks、胶囊茶语、乐泡、易晓等品牌。还出现了分离式盖泡茶（图6-7）。

图6-6 花茶袋泡茶产品

图6-7 茉莉绿茶盖是茶

近几年，随着新式茶饮的快速发展，速溶茶（茶浓缩汁）市场需求攀升，特别是品质化、终端化、多元化的产品不断涌现，主流产品是原味茶和花茶。市场上主要品牌有七日原叶、元气跳动、乐醇、三顿半、茶里、茶颜悦色、三融、dudupanda等。

6.2 花茶在日化领域中的应用

6.2.1 清洁用品

6.2.1.1 清洁用品概念及特点

清洁用品，从狭义上来说，是指具有清洁功能的工具，主要用于室内地面和室内卫生的清洁。从广义上来说，清洁用品是指一切运用于清洁作业的使用物品，主要包括：清洁设备、日常清洁工具和辅助工具、清洁剂三大类。清洁用品大致可以分为以下七类，分别是：清洁剂、商用清洁用品、纸类清洁用品、厨房清洁用品、日化用品、室内清洁用品、石材翻新护理用品。

6.2.1.2 花茶清洁用品

茶叶提取物被广泛用于清洁产品之中，因其具有丰富的茶多酚、生物碱、茶色素、茶皂素、茶氨酸、茶多糖、维生素等多种具有生理活性的物质被广泛用于口腔清洁中，同时花茶的淡雅清新香气被广泛用作各种清洁用品香气的调节。

随着人们日常生活水平的提升，个人卫生越来越受到重视，因此个人清洁用品成为清洁用品中非常重要的一部分，目前人们对个人清洁用品的需求从简单的清洁去污向保护皮肤、减少刺激等多需求转变。茶叶中含有的茶皂素，是一种天然的糖甙化合物，具有乳化、分散、润湿、去污、发泡、稳泡等多种表面活性作用，是一种来源廉价、品质优良的天然表面活性剂，在古代的时候，就被用于日用品洗涤之中。茶皂素可被用于洗发水、沐浴露、洗洁精、洗衣粉等清洁产品之中作为发泡剂，同时茶皂素还有抗渗消炎、杀菌抗病毒等作用，使清洁用品特别是日化用品对人体有除清洁外的其他功效。研究发现含有茶皂素的洗发水具有有效去屑、控油、止痒、改善头皮敏感性以及屏障功能的功效。茉莉白茶洗发水（图6-8左）、玫瑰花茶洗发水、栀子花茶洗发水（图6-8右）应运而出，这些产品可以使头发水润光泽、打造健康毛发生长环境，在使用过程中还提供了一种良好的花香体验。

图6-8　茉莉白茶洗发水（左）和栀子花茶洗发水（右）

植物香皂是一种历史悠久的洗涤剂，而茶叶皂就是其中一种。有研究表明茶皂素具有较强的抗氧化性及一定的活性氧自由基清除能力，通过保护皮肤免受自由基诱导的细胞凋亡及随后的纤维化，可以防止细胞衰老，有一定的护肤功效。古时多采用皂角、无患子等原料研磨制成皂，现在多是采用滴加精油，使茶叶中的内含物更好发挥作用，可以被用于洗脸、沐浴、洗头等，能够杀菌除螨、调节肌肤平衡，被大众所喜爱。现在有很多手工香皂会采用各种花茶为原料，如玫瑰花茶（图6-9）、茉莉花茶、蜡梅红茶等。

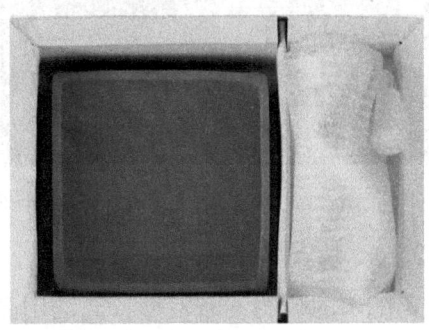

图6-9　玫瑰红茶滋养沐浴皂

由于疫情等流行病影响，人们对手部清洁和消毒越发关注。手部卫生清洁是防止细菌侵染致病的有效措施，不仅是医院感染控制的重要手段，也是人们日常生活中防治疾病的主要方式。茶皂素具有抑菌作用，同时不伤害手部肌肤，避免了化学杀菌剂对环境和人体的伤害，符合消费者需求。以色列天然护肤品牌Sabon采用玫瑰花茶精油作为洗手液的主要功能成分，在清洁双手的同时具有抗菌、舒缓的功效，使双手清爽不干燥。

茶叶中的茶多酚具有极强的抗氧化能力和清除自由基的能力，可以在口腔护理品中表现为抗炎抑菌、清热解毒、抗龋防蛀、分解烟毒、抗过敏质等功效作用，通过抑制致龋菌生长发育和抑制不溶性葡聚糖的合成以减少细菌的黏附、聚集从而抑制龋病。花茶含有丰富的氟，氟对牙齿有抗菌防龋的作用，与茶多酚共同作用可以更好地实现防蛀的效果。同时茶多酚还具有除臭的作用，可以用于清洁口腔。茶叶提取物被广泛使用于口腔护理产品之中，如漱口水、牙膏等。佳洁士、两面针、茶仕利将茉莉花茶用作牙膏的主要添加成分，具有缓解口渴、抑制口臭、抑制口腔致病菌等功能。而采用花茶具有自然的花香和茶香,因此大部分的漱口水、牙膏等口腔清洁用品选用茉莉花茶(图6-10)。

图6-10 茉莉花茶牙膏和漱口水

6.2.1.3 清洁用品的发展趋势

随着时代的不断发展,清洁用品也随之发生变革,出现了越来越多功能齐全、使用便捷的清洁用具。人们对清洁用品的需求量不断增加,也促进了行业的不断发展并不断刺激原料创新、技术创新以及产品升级,使未来清洁产品不断向着多元化、生物友好、温和高效等方向综合发展。随着人们环境保护意识的不断提高,绿色成为清洁用品的发展趋势,在减少对人体伤害的同时降低环境污染。因此,天然有机产品深受人们的追捧,很多产品都以天然有机为卖点。茶由于其自身内含物的优势,在清洁用品领域有一定的潜力,特别是花茶兼具茶的功能性和花的芳香性,使产品更有卖点。

6.2.2 化妆品领域(护肤用品)

6.2.2.1 (花)茶的护肤功能

现代科学研究证明,茶叶中的多种成分除具有营养与药效功能外,还有健肤美肤的作用,可以说是真正的"药食妆同源"的宝藏植物。

茶多酚是一种具有保湿作用的天然产物,具有透明质酸酶的抑制活性功效,且茶多酚中蕴含大量亲水性的基团,极易吸收空气中的水分,从而最大限度地保持皮肤的水分含量，达到控油保湿的作用。2021年备案产品TOP10功效中，滋润、保湿、补水位居前三，备案占比高达54.86%，而宣称这三大功效的备案产品中都蕴含同一个成分——茶叶提取物，其位居这三个功效备案成分榜TOP3。此外，茶多酚还是皮肤的有效保护剂，具有紫外线防御功能，可以通过抑制皮肤黑化、雀斑、褐斑和老年斑的酪氨酸酶和过氧化酶的活性，抑制色素的产生。因此，花茶原料在护肤方面具有抗衰老、美白、控油、保湿、舒缓敏感等多重优势。

茶叶提取物能清除多余自由基，具有较强的抗氧化作用，其抗氧化能力是人工合成抗氧化剂BHT、BHA的4~6倍，是维生素E的6~7倍，是维生素C的5~10倍。并且茶叶提取物用量少，添加0.01%~0.03%即可起作用，无潜在的毒副作用。因此，在天然成分的产品成为消费主流条件下，开发茶叶基化妆品具有较好的前景。

6.2.2.2 （花）茶在化妆品领域的应用

根据英敏特全球新产品数据库（GNPD）的数据，截至2016年，含绿茶的护肤品在以茶为成分的全球面部护肤品市场当中占了总量的一半以上。

在化妆品中所应用的茶类成分，在品类和剂型上也比较多元化。在《已使用化妆品原料名称目录》中，与茶相关的成分达50多种。数据显示，2022上半年完成备案的产品中品名含有"茶"的国产普通化妆品有859个，进口普通化妆品有72个。众多美妆品牌加码茶原料的开发与创新，以期构筑差异化壁垒。

工厂端对茶成分的青睐也显而易见。2019—2022年，工厂使用茶叶提取物的产品数量大幅增长，如广州市复大生物科技有限公司，有超千款商品含有茶叶提取物，近三年复合增长率高达232.97%；科丝美诗近三年含茶叶提取物的产品数量复合增长率也超过三位数，达到107.44%。同时，多个化妆品研发机构开始重视茶叶护肤品的开发。部分品牌也推出了茶相关的香氛产品，香水中的茶香气味会更复杂，经常会加入不同的香料，与其他气味结合，营造某些氛围、事物或者季节的联想。

探究茶原料火爆的原因，是消费群体逐步形成了崇尚自然、健康美容的观念。起源于中国的茶，作为一种古老的原料，也自然被赋予了"天然""功效"的消费者认知。同时受悠久的茶文化影响，在消费者心中，也更信赖茶叶提取物的功效，因此应运而生成为茶系列护肤品。茶不光是文化的代表，也是茶植物提取物原料创新的代表。文化挖掘与原料科技创新的结合，是更容易塑造美妆品牌的利器。

6.2.3 洗涤用品

6.2.3.1 洗涤用品概念

洗涤剂在洗涤物体表面上的污垢时，能改变水的表面活性，提高去污效果的物质，包括合成洗涤剂和肥皂。最早出现的洗涤用品以皂角类植物等天然产物为原料，其中含有皂素，有助于水的洗涤去污作用。这些天然的洗涤用品沿用甚久。随着工业技术的不断发展，在使用烷基苯磺酸钠之类的优良表面活性剂作为基本组分外，还配用其他表面活性剂和各种不同的助剂和辅助剂，以提高洗涤效果。现代洗涤剂是含有多种成分的复杂混合物，其中表面活性剂是起洗涤作用的主要成分，洗涤剂中的其他成分，或是为改善和增加表面活性剂的洗涤效能，或是为适应某些特殊要求，或是为制成所需产品的形式而加入的。经济发达国家洗涤用品消费量已达较高的水平，发展趋于平稳。而亚洲、非洲等地区随着生活水平的提高，将会有较快的发展。在洗涤用品中，合成洗涤剂的发展速度比肥皂快。合成洗涤剂在选择与配比使用表面活性剂和助剂方面，向更具有安全性和生物降解性方向发展；在产品结构上，向使用方便且具有多功能方向发展。

6.2.3.2 花茶洗涤用品

家用清洁用品是居家生活的重要洗涤用品之一，包含厨房、卫生间等日常清洁所用的洗涤剂。厨房是产生大量油脂的场所，合适的油污清洁剂是非常必要的。由于茶多酚具有除腥味、异味的作用，花茶还被用于洗洁精中，在提升洗洁精气味的同时增强洗洁精除去异味的能力。茶皂素具有良好的去污、起泡、乳化、分散、渗透效果，同时还有抗菌等作用，是一种性能良好的表面溶性剂、清洁剂、发泡剂、减磨剂、水油乳剂，在日用化工中被广泛使用。厨具洗涤试剂通过渗透、皂化、乳化、悬浮等化学作用能够快速去除各种食物残渍和油脂，具有较强的去污能力。斧头牌有一款洗洁精添加茉莉花茶香精，主要用来改善洗洁精的香味，迎合消费者需求。从消费者对不同功效的关注程度看，消费者对洗涤产品的功效的需求具有多元化的特点，洗涤去污能力、气味清新和不伤皮肤等功效的需求相对更为集中。杭州英仕利生物科技有限公司研发了从高效和护手的角度，开发了一款具有纳米融油的栀子花茶洗洁精（图6-11）。

图6-11　栀子花茶洗洁精

洗涤用品除家具清洁用品外还包含了除臭剂。花茶由于宜人的香气，被广泛用于室内空气清新剂和衣物香氛中，在去除异味的同时持久留香。如福建农林大学研发了一款含有茉莉花茶提取物的除臭剂，在不含化学添加剂的情况下实现良好的除臭效果，同时对人体无害。目前有许多人将花茶装在纱布袋中放入冰箱用于除去冰箱内的异味，当茶包吸收异味的功能下降时将茶叶取出放置在阳光下暴晒，反复使用。除了这种较为原始的除臭方式，有部分企业研发含有花茶添加剂的空气清新剂，在吸除异味的同时使空间里有一股清香，在自然消臭的同时持久留香。除室内除臭剂外，在衣服柔顺剂中也有添加花茶精油，将花茶独特的香气作为卖点，在实现衣服柔顺效果的同时增加衣物的香气，使衣物持久留香，还兼具除菌除螨的效果。

展望未来，专家预测生产商和消费者将密切关注香料在家居清洁产品配方中的作用。大多数人仍然痴迷香味，认为这是清洁产品一个重要指标。而花茶作为一种绿色且具有宜人香气的资源，具有丰富的内含成分，在洗涤用品中添加无化学物质伤害人体，符合消费者对洗涤产品的未来预期，将来在家居清洁产品中有巨大的潜力。

6.3 花茶在工业领域中的应用

6.3.1 空气净化

6.3.1.1 空气净化相关背景

2022年6月2日，上海市室内环境净化行业协会发布了《中国室内环境空气污染白皮书》（以下简称《白皮书》）。《白皮书》指出，随着人们生活条件的提高，住房装修频次逐步上升，但装修材料品类的增多和不当使用，成为了室内空气污染的重要来源。在治理室内空气时，除了空气净化器，不少消费者也会选择空气净化剂、香薰等进行治理。传统的空气净化剂往往只能散发芳香性气体来掩盖异味，无法彻底解决污染问题。如今，空气净化产品不仅要求具有去除异味，杀菌消毒等功能，其安全性、环保性等也需要考虑。各类空气净化剂应运而生，如活性炭类、负离子类、光触媒类、生物酶类等。充分的实验研究证实，茶叶提取物，如茶多酚、茶氨酸等都具有广谱的抗菌活性，对许多真菌和细菌都有良好的杀灭或抑制作用。茶多酚中的酚羟基可以与异味中甲醛、氨基、羧基等反应，将其中和分解。当茶叶提取物以细雾的方式喷洒到异味气体中，这些液滴可以与恶臭分子间接触并吸附，并会由于相互凝结而沉降。目前茶叶及其有效成分已经运用到了一些空气净化产品中。

6.3.1.2 茶在空气净化剂上的应用

目前应用到空气净化上的茶叶成分主要有茶多酚、茶氨酸、茶梗茶渣、茶籽粉、茶叶精油等。

（1）茶多酚。茶多酚具有广谱的抗菌杀毒作用，对革兰氏阳性菌、革兰氏阴性菌都有明显的抑菌作用，对RNA病毒、DNA病毒也具有显著的杀伤效果。将含有茶多酚的增效茶片放在空气净化凝胶表面，茶片与凝胶接触后，保护层缓慢与凝胶溶为一体，释放出茶多酚等除臭成分，可以有效净化空气中的甲醛、苯等有害气体,并具有良好的杀菌作用。以纳米二氧化钛、中药提取液、含茶多酚的增效茶片及其他辅料进行组合复配,制得安全环保、抑菌除臭、稳定性好的空气净化剂。一种添加茶多酚的二氧化氯空气净化稀释制剂,其由亚氯酸钠包和凝胶组成,使用时将亚硫酸钠包放置于凝胶上,即可缓慢释放出二氧化氯气体。该凝胶由水、高分子材料、活化剂和茶多酚经过特殊加工处理而成。

（2）茶氨酸。茶氨酸与去离子水混合,通过高频震荡将其分解为纳米级喷雾,具有清新空气、提神醒脑的功效。

（3）茶叶精油。茶树油是从茶树中利用水蒸气蒸馏法提取出来的一种无色至淡黄色油状液体,具有怡人的芳香,对许多细菌和真菌具有较好的杀灭或抑制作用。利用茶树精油、负氧离子材料、氧化石墨烯等材料制成的空气净化剂可以持续释放负氧离子,抗菌消毒,喷涂在家具表面可吸收甲醛等有害物质,去除异味。周军将茶树油与迷迭香精油、柠檬精油、香薰油等组合制成纯天然植物空气净化剂。

（4）茶梗茶渣。将茶梗茶渣和茶叶中的一种或多种等制成粉末与海泡石粉末混合制成球体,外喷洒石墨烯、硫酸银,制成含茶空气净化剂。使用红茶及其茶梗作为空气净化吸附材料的主要成分,成品毒性较低,能净化空气异味。

（5）茶籽粉。使用茶籽粉与薄荷脑、甘草等混合磨成粉状,加水搅拌制成香胚,再烘干风干后得到熏香成品。该熏香掺有抗感冒组分,且安全无毒。

（6）其他应用。将粉末状茶叶与水搅拌均匀得到茶叶粉末浆料,将其均匀分散在膜载体表面,干燥后制得空气净化装备中的功能性基质。张松波设计了一种三层空气净化膜,上层和下层为滤棉层或普通过滤纸层,在中层通过喷涂或浸泡的方式添加茶多酚,使该空气净化膜能达到化学吸附与物理吸附相结合,提高空气净化程度。将其运用在口罩上,弥补了目前市场上一次性口罩不能吸收自身口腔异味、不能抗菌杀毒、吸附重金属的不足,提高空气净化的洁净程度和清新度,同时具有天然茶叶的清香。

6.4 花茶在文创产品中的应用

6.4.1 茶文化的理念与文创产品含义

茶文化是以茶叶为主题的文化表达形式。在古代文人雅士的生活中，茶叶的烹煮与操作、茶叶的味道与所创造的精神境界均是富含艺术评判价值的。我国关于茶文化的典籍中，以唐代陆羽《茶经》最为流传。茶文化在唐代发展到了鼎盛状态，与此同时日本的茶道文化的传播与艺术形式也在一定程度上受到了中国唐代茶文化的影响。在我国，由于地域文化特点不同，以不同的茶叶作为当地特色。如西湖龙井、云南普洱、安溪铁观音、福州茉莉花茶等。

文创产品是特色文化理念衍生出的产品。这就要求文创产品不仅有使用价值更有艺术价值。近几年，故宫博物院在文物文创产品的研发已有所发展。故宫博物院结合故宫国宝文物的文物知识与历史背景，创作了有使用价值的纪念品、有文物图案的服饰、仿真文物的设计等。故宫文创产品的推出诠释了文创产品的发展与创新方向。文创产品要满足当下人们的日常生活特点，通过文创产品的推行让文化与收藏价值理念深入人心。近年，在媒体视频行业也有所体现，如文物创意节目的《上新了，故宫》，在节目中对故宫建筑与文物背景进行讲解，运用文物风格实现文物的二次元文化上的创新。在书籍文具上，文创产品结合传统文化图案和现代文化用品特点，创作出了具有中国传统特色的书面设计与笔记本封面等。在茶具上，有仿宋代官窑瓷器风格的陶瓷压手杯、公道杯的造型创作。我国的文创产业发展有市场日渐成熟的趋势，挖掘茶文化内涵，重视茶文化在日常生活中的应用是茶文化与文创产业结合的契合点。由此可见，文创产品在种类上呈现多元化。

6.4.2 发展历史与进程

文化创意产业最早由英国的创意产业工作小组于1998年提出，20世纪末文化创意产业在英国兴起之后，很快成为英国乃至全球经济增长的新亮点，并成为经济发展的巨大引擎。中国作为茶叶之乡，历史悠久，文化内涵较丰富的一个国家，基本每个省份都会存在着本土特色茶叶，这些都能成为开发文创最宝贵的资源。

随着中华优秀传统文化在中国以及世界的影响力越来越大，文创产品已经成为了近几年来的热门关键词，茶产品的生产商也逐渐认识到文创产品的重要性，通过改进茶产品的生产创造技术来升级茶文创产品。如今，随着互联网时代的发展和品牌营销力量的扩大，一些茶文化文创品牌也逐渐走进我们的视线。品牌理念的转化及包装方式的改变都影响着人们喝茶的方式。例如，2017年，小罐茶以"中国茶重新走向世界"的营销方式走进大众的视线，创立了独具匠心的茶文化文创品牌，开启了以一罐一泡为基础的包装方式（图6-12）。小罐茶以现代设计的方式带给人们对于茶文化的一种新颖体验。

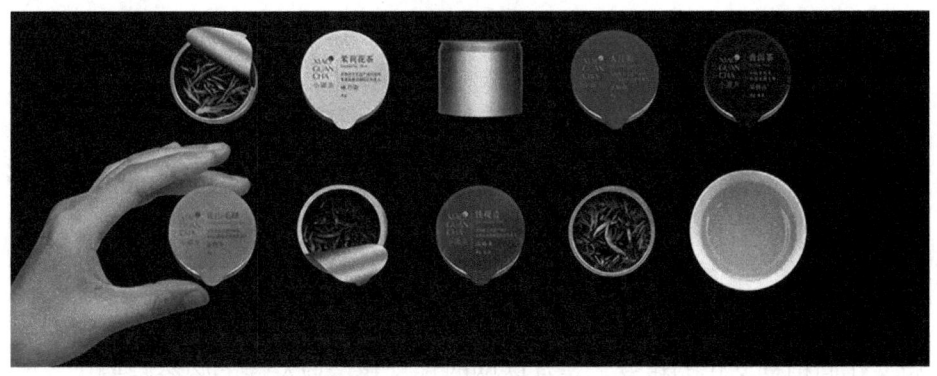

图6-12　小罐茶品牌包装

6.4.3　发展现状

茶文创产品开发目前已包含游园、采茶、品茶、购茶、观茶艺等几个方面的内容，国内许多茶旅景点的文创资源都比较类似，地方特色茶文化不突显，传播途径和深度有限，茶文化还未能深度融入旅游业当中，文化创意产品开发还刚刚起步。文化创意产业作为近年来兴起的一个极具创新力的产业，还没有被当地大多数人深刻认识。这种产业是以文化和创新力为发展核心，已经渗透至各行各业中，能够有效提升产品附加值，促使产品品质及质量得到非常明显的提升，各行各业都能从中获得发展机遇。我国部分茶叶产品缺乏文化创意，绝大多数的茶产业经营者或者企业对于茶文化创意都没有一个清晰的认识，对产品的文化创意没有进行深入研究，茶叶经济的附加值仍未得到提升。所以要让茶产业和文化创意产业深度融合，就必须围绕茶园的游、采、品、购、观等环节进行优化和创新，以创意为主要依据，通过技术手段促使茶产品质量逐步提升，达到通过开发特色文创产品以促进茶旅深度融合的目的。

6.4.4 文创产品与传统茶产品的对比

不论是新式的茶文创产品还是传统茶产品，在产业发展中都融入了现代茶文化理念。茶文化产业的商业模式都强调产品中茶文化的文化底蕴和茶的品质。市场上的传统茶产品长期面临有品类而无品牌的问题，而茶文创则对建立品牌效应更为注重。在中国传统的茶产品销售模式当中，往往采用的都是通过超市或者是一系列流通途径比较广大的方式来进行的，如便利店、茶馆或者是礼品代购代销等方式。在这种情况下，销售的方式比较落后，势必会影响到新时代社会发展对于茶产品提出的基本要求。而文化创意产业以信息及网络技术为主要载体，将茶文化与互联网结合，通过微博、微信和淘宝等成本低廉、推广效果好的新媒体营销平台，拓宽了茶文创产品的销售渠道，优化了产品的盈利模式，比较迅速地促进茶文化文创品牌的推广和衍生。同时，透过互联网平台可以对有购买意向的消费群体进行大数据的调研，从而挖掘潜在用户的消费心理。这也是茶文化从物质文化向精神文化的转变，是互联网时代文化产业发展的必然趋势。

随着我国经济的快速发展，人们的消费结构在不断发生变化，从对服装首饰和汽车等"外在消费"商品慢慢过渡到"内在消费"的文化生活环境中去。2022年，中国茶叶品牌的市场表现是传统茶品牌向高端化方向发展，新锐茶品牌向年轻化方向发展。在这样的大背景下，无论是茶文创产品还是传统茶产品，提高用户对于茶文化的认知和体验，对促进茶产业的发展以及弘扬我国传统文化都具有至关重要的作用。

参考文献

陈殷，2009. 全国主要茉莉花(茶)产区概览——兼论横县产区的独特优势. 中国茶叶科技创新与产业发展学术研讨会论文集[C]. 重庆:657-663.

冯金炜，谢燮清，1986. 花茶制造技术 [M]. 北京：农业出版社.

韩钰，曾倩倩，2021. 茶文化文创产品的研究 [J]. 福建茶叶，43(5):26-27.

黄伟红，罗文文，高晴，等，2024. 浙江省花茶生产历史、现状及发展建议 [J]. 中国茶叶，46（6）：73-76.

刘仲华，2019. 中国茶叶深加工40年 [J]. 中国茶叶，41(11):1-7,10.

刘仲华，2019. 中国茶叶深加工产业发展历程与趋势 [J]. 茶叶科学，39(2): 115-122.

刘祖生，1993. 茶用香花栽培学 [M]. 北京：农业出版社.

毛祖法，梁月荣，2006. 浙江茶叶 [M]. 北京：中国农业科学技术出版社.

阮浩耕，2020. 浙江通志·茶叶专志 [M]. 杭州：浙江人民出版社.

施海根，2007. 中国名茶图谱 [M]. 上海：上海文化出版社.

唐力新，1965. 金华的香花与花茶 [J]. 浙江农业科学 (6)：307-310.

王彬，张士康，朱跃进，等，2010. 超绿活性茶粉对小麦粉面团烘焙加工特性的影响研究 [J]. 中国茶叶,32(12):20-22.

夏涛，2014. 制茶学 [M]. 北京：中国农业出版社.

杨亚军，2012. 评茶员培训教材 [M]. 北京：金盾出版社.

张诗瑶，王力，张颖，等，2023. 食用玫瑰产业发展现状与对策 [J]. 黑龙江农业科学 (7):86-91

张云仙，张慧琳，2021. 珠兰花茶产业沿革与制作技艺 [J]. 中国茶叶，43（4）：62-65.

朱先明, 1983. 茶用香花栽培与花茶窨制[M]. 长沙：湖南省科学技术出版社.

KAN LJ, CAPUANO E, FOGLIANO V, et al., 2020. Tea polyphenols as a strategy to control starch digestion in bread: The effects of polyphenol type and gluten[J]. Food & Function, 11(7): 5933-5943.

PAN JX, LV YJ, JIANG YL, et al., 2022. Effect of catechins on the quality properties of wheat flour and bread[J]. International Journal of Food Science & Technology, 57(1):290-300.

TORRES JD, DUEIK V, CARRÉ D, et al., 2019. Effect of the addition of soluble dietary fiber and green tea polyphenols on acrylamide formation and in vitro starch digestibility in baked starchy matrices[J]. Molecules, 24(20): 3674.

XIE F, HUANG Q, FANG F, et al., 2019. Effects of tea polyphenols and gluten addition on in vitro wheat starch digestion properties[J]. International journal of biological macromolecules, 126: 525-530.

XU M, WU Y, HOU GG, et al., 2019. Evaluation of different tea extracts on dough, textural, and functional properties of dry Chinese white salted noodle[J]. LWT - Food Science and Technology, 101: 456-462.

附 录

ICS 67.140.10
CCS X 55

ZJTSS

浙江省茶叶学会团体标准

T/ZJTSS 006—2023

桂花茶加工技术规程

Technical regulation for processing of osmanthus tea

2023-06-30 发布　　　　　　　　　　　　2023-07-10 实施

浙江省茶叶学会　　发布

前　言

本文件按照GB/T 1.1—2020《标准化工作导则 第1部分：标准化文件的结构和起草规则》的规定起草。

请注意本文件的某些内容可能涉及专利。本文件的发布机构不承担识别专利的责任。

本文件由浙江省茶叶学会提出。

本文件由浙江省茶叶学会归口。

本文件起草单位：浙江省农业技术推广中心、杭州市农业科学研究院、杭州九曲红梅茶业有限公司、杭州贾氏茶业有限公司、武义县汤记高山茶业有限公司、浙江大学、开化县茶产业发展中心、杭州三和萃茶叶科技有限公司、浙江经贸职业技术学院、杭州柔润茶叶有限公司、浙江婺洲茶业有限公司。

本文件主要起草人：黄伟红、师大亮、包兴伟、贾威、汤丹、汤玉平、吴媛媛、陈根生、杨宇宙、方辉韩、石碧鹏、陆德彪、孙达、梁晓玲、高晴。

桂花茶加工技术规程

1 范围

本文件规定了桂花茶加工技术规程的术语和定义、基本要求、加工技术和贮存。

本文件适用于桂花茶的加工。

2 规范性引用文件

下列文件中的内容通过文中的规范性引用而构成本文件必不可少的条款。其中,注日期的引用文件,仅该日期的对应版本适用于本文件;不注日期的引用文件,其最新版本(包括所有的修改单)适用于文件。

GB/T 30375 茶叶贮存

GB/T 32744 茶叶加工良好规范

GB/T 34779 茉莉花茶加工技术规范

GH/T 1070 茶叶包装通则

3 术语和定义

GB/T 34779界定的以及下列术语和定义适用于本文件。

3.1 桂花茶 osmanthus tea

以绿茶、红茶等毛茶为原料,经整理,用鲜桂花窨制而成的再加工茶。

4 基本要求

4.1 场所、接触材料、设备与卫生

应符合 GB/T 32744 的规定。

4.2 原料

4.2.1 茶坯

应符合相应产品的要求。

4.2.2 鲜桂花

桂花应花蕾饱满、新鲜、洁净，无杂质，无劣变，无污染。宜以花朵呈虎爪状，花的开放度在50%~60%时为好。

5 加工技术

5.1 工艺流程

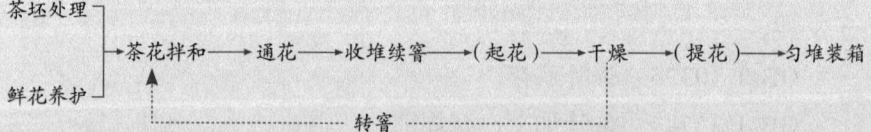

5.2 茶坯处理

窨花前茶坯宜进行干燥处理，温度为85~100℃，时间20~30min，烘焙后含水率4%~6%，烘后茶坯需及时摊凉至室温，才可窨花。

5.3 鲜花养护

采摘后的桂花应及时筛花，剔除花柄和杂物，在阴凉处适当摊凉，待花朵表面水分散失后，方可窨茶。

5.4 茶花拌和

根据茶坯、桂花品质及桂花茶香气浓淡要求确定配花量，每窨

100 kg 茶坯用鲜桂花 10~15 kg，将准备好的茶坯和桂花一层茶一层花分层重复摊放，并快速均匀拌和，窨堆用预留的茶坯盖面。

5.5 通花

当堆温上升到 40℃时或窨制时间超过 6 h，应及时将窨堆耙开，厚度 5~10 cm，并翻动散热，使茶坯温度快速降低，通花应快速、通透、通匀。

5.6 收堆续窨

通花后堆温降低到 28~32℃（或翻堆后），收堆继续窨制，总窨制时间 8~12 h。

5.7 起花

桂花开始呈萎蔫状，香气变弱，即可起花。

5.8 干燥

窨制完成后，应及时干燥，不可堆闷。温度 60~80℃，时间 100~120 min，或温度 90~100℃，时间 30~40 min，使用石灰等吸湿材料按一定比例传统窨干的，温度需控制在 40℃以下。

5.9 转窨

转窨配花量较前窨相同或依次减少。

5.10 提花

提花前含水率应控制在 6%以下，宜选用晴天采的朵大饱满的优质鲜花配花量 1%~2%，提花后不再干燥，含水率需控制在 7%以下。

5.11 匀堆装箱

同批次桂花茶应检验质量，合格的按要求进行匀堆装箱，匀堆应使品质均匀一致，包装应符合 GH/T 1070 的规定。

ICS 67.140.10
CCS X 55

ZJTSS

浙江省茶叶学会团体标准

T/ZJTSS 004—2023

栀子花茶

Gardenia tea

2023-06-30 发布　　　　　　　　　　　　2023-07-10 实施

浙江省茶叶学会　　发布

前 言

本文件按照 GB/T 1.1—2020《标准化工作导则第1部分：标准化文件的结构和起草规则》的规定起草。

请注意本文件的某些内容可能涉及专利。本文件的发布机构不承担识别专利的责任。

本文件由浙江省茶叶学会提出。

本文件由浙江省茶叶学会归口。

本文件起草单位：浙江省农业技术推广中心、杭州市农业科学研究院、浙江婺洲茶业有限公司、浙江农林大学、中华全国供销合作总社杭州茶叶研究所、泰顺县玉塔茶场、泰顺县茶产业发展中心、浙江兴合茶业科技有限公司、苍南县明宝种植专业合作社。

本文件主要起草人：黄伟红、崔宏春、高晴、唐德松、苏小琴、叶传瑞、杨秀芳、罗文文、王永镜、张海华、吴碎典、陆德彪、柳丽萍、张红镜、高志浩。

栀子花茶

1 范围

本文件规定了栀子花茶的术语和定义、产品分类、技术要求、试验方法、检验规则、标志、标签、包装、运输、贮存。

本文件适用于以绿茶、工夫红茶、白茶、乌龙茶为原料，经栀子鲜花窨制而成的栀子花茶。

2 规范性引用文件

下列文件中的内容通过文中的规范性引用而构成本文件必不可少的条款。其中，注日期的引用文件，仅该日期的对应版本适用于本文件；不注日期的引用文件，其最新版本（包括所有的修改单）适用于本文件。

GB/T 191	包装储运图示标志
GB 2762	食品安全国家标准 食品中污染物限量
GB 2763	食品安全国家标准 食品中农药最大残留限量
GB 5009.3	食品安全国家标准 食品中水分的测定
GB 5009.4	食品安全国家标准 食品中灰分的测定
GB 7718	食品安全国家标准 预包装食品标签通则
GB/T 8302	茶 取样
GB/T 8305	茶 水浸出物测定
GB/T 8311	茶 碎茶和粉末含量的测定
GB/T 13738.2	红茶 第2部分：工夫红茶
GB/T 14456.1	绿茶 第1部分：基本要求
GB/T 14487	茶叶感官审评术语

GB/T 22291	白茶

GB/T 22291　　　白茶
GB/T 23776　　　茶叶感官审评方法
GB/T 30357.1　　乌龙茶第1部分：基本要求
GB/T 30375　　　茶叶贮存
GHT 1070　　　　茶叶包装通则
JJF 1070　　　　定量包装 商品净含量计量检验规则

定量包装商品计量监督管理办法国家市场监督管理总局令〔2023〕第70号

国家质量监督检验检疫总局关于修改〈食品标识管理规定〉的决定（国家质量监督检验检疫总局令〔2009〕第123号）

3 术语和定义

GB/T 14487界定的以及下列术语和定义适用于本文件。

3.1 栀子花茶 gardenia tea

以绿茶、工夫红茶、白茶、乌龙茶为原料，经原料处理、栀子鲜花窨制、烘焙等工序制作而成的，具有栀子花香气特征的花茶。

4 产品分类

根据原料不同分为：栀子绿茶、栀子红茶、栀子白茶、栀子乌龙。

5 要求

5.1 原料要求

5.1.1 栀子花应新鲜、清洁、无杂物、无劣变、无污染。

5.1.2 原料茶应符合GB/T 14456.1、GB/T 13738.2、GB/T 22291、GB/T 30357.1要求。

5.2 基本要求

品质正常，无异味，无异嗅，无劣变，不着色、无任何添加剂。

5.3 感官品质

各类产品的香气、滋味应符合表1要求，其他品质应符合相应原料茶等级品质的感官要求。

表1 香气、滋味感官品质

项目	要求
香气	具有明显的栀子花香
滋味	醇正、有花香

5.4 理化指标

应符合表2的规定。

表2 理化指标

项目		要求	
水分/(g/100g)	≤	8.5	
总灰分（以干物质计）/(g/100g)	≤	6.5	
水浸出物（质量分数）/%	≥	栀子绿茶、栀子红茶、栀子乌龙 32	栀子白茶 30
粉末（质量分数）/%	≤	1.2	

5.5 卫生指标

5.5.1 污染物限量指标应符合 GB 2762 的规定。

5.5.2 农药残留限量指标应符合 GB 2763 的规定。

5.6 净含量

应符合《定量包装商品计量监督管理办法》的规定。

6 试验方法

6.1 感官品质检验

按 GB/T 23776 规定方法检验。

6.2 理化指标检验

6.2.1 水分按 GB 5009.3 规定的方法测定。

6.2.2 总灰分按 GB 5009.4 规定的方法测定。

6.2.3 水浸出物按 GB/T 8305 规定的方法测定。

6.2.4 粉末按 GB/T 8311 规定的方法测定。

6.3 卫生指标检验

6.3.1 污染物检验应按 GB 2762 的规定执行。

6.3.2 农药残留限量应按 GB 2763 的规定执行。

6.4 净含量

应按 JJF 1070 规定的方法检验。

7 检验规则

7.1 取样

7.1.1 取样以"批"为单位,在加工过程中形成的独立数量的产品为一个批次,同批产品的品质和规格应一致。

7.1.2 取样应按 GB/T 8302 的规定执行。

7.2 出厂检验

每批产品应按本文件规定的方法检验。检验项目为:净含量、感官品质、水分、粉末和标签。

7.3 型式检验

7.3.1 型式检验的周期为每年一次,如原料或关键加工工艺有较大变化,可能影响产品质量时,或国家质量监督机构提出进行型式检验要求时,应进行型式检验。

7.3.2 型式检验项目为本文件第5章除5.1外的全部项目。

7.4 判定规则

7.4.1 出厂检验时，凡符合出厂检验项目的产品，则判该批产品为合格。

7.4.2 型式检验时，凡符合本文件第5章除5.1外规定的产品，则判定该批产品合格。

7.4.3 产品不合格 或对检验结果有争议时，应对留存样或在同批产品中重新抽取2倍量样品，对不合格项目进行复检，以复检结果为准。

8 标志标签、包装、运输和贮存

8.1 标志、标签

产品标志应符合 GB/T 191 的规定、产品标签应符合 GB 7718 和《国家质量监督检验总局关于修改〈食品标识管理规定〉的决定》的规定。

8.2 包装

应符合 GH/T 1070 的规定

8.3 运输

运输工具必须清洁卫生，防日晒雨淋。不得与有毒、有害、有异味、易污染的物品混装、混运。

8.4 贮存

应符合 GB/T 30375 的规定。

后 记

花茶是我国重要茶类之一，产销历史悠久，深受国内外消费者喜爱。浙江曾是我国重要的茉莉花种植和茉莉花茶生产基地，原金华县（现婺城区）曾是全国三大茉莉花茶产地之一。之后，随着茶叶产销市场变化与浙江茶产业结构调整，茉莉花种植南移广西，浙江花茶产业快速萎缩。近年来，随着消费多元化升级和新茶饮的发展，浙江众多茶企因地制宜，采用不同茶类与不同鲜花的多种组合，创新研发出系列花茶产品。为引导和促进花茶产业高质量发展，我们结合浙江省农业重大技术协同推广计划项目《花茶产业化关键技术创新集成与示范》的实施，组织编写了《浙江花茶窨制与品鉴》一书。

本书共六章，深入浅出阐述了花茶发展概况和浙江花茶产业、花茶加工原料、花茶窨制技术、茶叶外源增香技术、花茶品质评价与品鉴和花茶深加工产品。本书突出实用性和可操作性，图文并茂，通俗易懂，可供从事花茶生产加工、科研教育和广大花茶喜爱者阅读参考。

本书在编写过程中，参考和借鉴了相关资料，包括标准文本、图书以及专家、学者的相关文献，在此对原作者或原权利所有者表示忠心感谢。本书的编写还得到了浙江省农业技术推广中心原茶叶科科长罗列万研究员的关心支持，在此一并致谢。由于编写时间仓促，业务水平有限，书中难免有错漏和不足之处，恳请广大读者批评指正。

编者
2025 年 2 月 18 日